医药高等职业教育创新示范教材

化学制药技术

专业入门手册

主编　周家莉

中国医药科技出版社

内容提要

本书是天津生物工程职业技术学院组织编写的医药高等职业教育创新示范教材之一。作为一本写给化学制药技术专业新生的入门指南，分别对化学制药技术专业相关行业有关职业的岗位职责、就业前景、发展空间及所应具备的条件进行了详尽的描述和实际分析。同时以简洁的文字介绍了化学制药技术专业的知识技能体系框架，概括了化学制药技术专业的基本学习方法和路线，为学生将来的学习及职业道路指明了方向。

图书在版编目（CIP）数据

化学制药技术专业入门手册/周家莉主编．—北京：中国医药科技出版社，2012.9

医药高等职业教育创新示范教材

ISBN 978－7－5067－5604－4

Ⅰ.①化…　Ⅱ.①周…　Ⅲ.①药物－生产工艺－高等职业教育－教材
Ⅳ.①TQ460.6

中国版本图书馆 CIP 数据核字（2012）第 191900 号

美术编辑　陈君杞
版式设计　郭小平

出版　中国医药科技出版社
地址　北京市海淀区文慧园北路甲 22 号
邮编　100082
电话　发行：010－62227427　邮购：010－62236938
网址　www.cmstp.com
规格　710×1020mm 1/16
印张　8
字数　104 千字
版次　2012 年 9 月第 1 版
印次　2012 年 9 月第 1 次印刷
印刷　北京楠萍印刷有限公司
经销　全国各地新华书店
书号　ISBN 978－7－5067－5604－4
定价　25.00 元

丛书编委会

本书编委会

主　编　周家莉

副主编　宋东伟

编　者　周家莉（天津生物工程职业技术学院）

宋东伟（天津生物工程职业技术学院）

韩　璐（天津生物工程职业技术学院）

张国疆（天津医药集团津康制药有限公司）

编写说明

为使学生入学后即能了解所学专业，热爱所学专业，在新生入学后进行专业入门教育十分必要。多年的教学实践证明，职业院校更需要强化对学生的职业素养教育，使学生熟悉医药行业基本要求，具备专业基本素质，毕业后即与就业岗位零距离对接，成为合格的医药行业准职业人。为此我们组织编写了“医药高等职业教育创新示范教材”。

本套校本教材共计 16 本，分为 3 类。专业入门教育类 11 本，行业公共基础类 3 本，行业指导类 2 本。专业入门教育类教材包括《化学制药技术专业入门手册》、《药物制剂技术专业入门手册》、《药品质量检测技术专业入门手册》、《化工设备维修技术专业入门手册》、《中药制药技术专业入门手册》、《中药专业入门手册》、《现代中药技术专业入门手册》、《药品经营与管理专业入门手册》、《医药物流管理专业入门手册》、《生物制药技术专业入门手册》和《生物实验技术专业入门手册》，以上 11 门教材分别由专业带头人主编。

行业公共基础类教材包括《医药行业法律与法规》、《医药行业卫生学基础》和《医药行业安全规范》，分别由实训中心主任和系主任主编。

行业指导类教材包括《医药行业职业道德与就业指导》和《医药行业社会实践指导手册》，由长期承担学生职业道德指导和社会实践指导的系书记和学生处主任主编。

在本套教材编写过程中，我院组织作者深入与本专业对口的医药行业重点企业进行调研，熟悉调研企业的重点岗位及工作任务，深入了解各专业所覆盖工作岗位的全部生产过程，分析岗位（群）职业要求，总结履行岗位职责应具备的综合能力。因此，本套校本教材体现了教学过程的实践性、开放性和职业性。

本套教材突出以能力为本位，以学生为主体，强调“教、学、做”一体，体现了职业教育面向社会、面向行业、面向企业的办学思想。对深化医药类职业院校教育教学改革，促进职业教育教学与生产实践、技术推广紧密结合，加强学生职业技能的培养，加快为医药行业培养更多、更优秀的高端技能型专门人才都起到了推动作用。

本套教材适用于医药类高职高专教育院校和医药行业职工培训使用。

由于作者水平有限，书中难免有不妥之处，敬请读者批评指正。

天津生物工程职业技术学院
2012 年 6 月

目 录
Contents

模块一　准备好，现在就出发

任务一　微笑迎接挑战，做一名有职业道德的医药人

一、你是一名大学生

大学是国家高等教育的学府，综合性的提供教学和研究条件和授权颁发学位的高等教育机关。大学通常被人们比作用来描述新娘美丽颈项的象牙塔（ivory tower）；是与世隔绝的梦幻境地，这里是一个不同寻常、丰富多彩的小世界，充满着各种各样的机遇。众多的课外活动、体育活动、社会活动的经历将会对你们当中的很多人产生重大影响。希望你在这里度过一段人生中非常特别的时光——这就是你的大学。

请千万记住，无论你在大学中经历了什么，都归属于学习的过程。课堂的知识帮你累积学识和技能，课余的生活帮你提高综合素质，宿舍和班级内的相处帮你提升人际交往的能力，社会实践活动拓展你的视野……这所有的一切就是你们学习的时刻，是你们接触各种思想观念的时刻。这些思想观念与你们过去和将来接触到的不一定相同，这样的体验或许只在你一生中的这段时光里才会经历到。因此，当你遇到欢欣愉悦的事情时，请记住微笑，把你明媚的心情和收获与你的同伴分享，这会让你的幸福感加倍；当你遇到困难和挫折时，请记住以微笑展示你的坚强和乐观，别忘记也把你的落寞和愤愤不平向知己好友倾诉，这会帮你尽快抚平创伤。

今天，你走进了大学校园，你是一名大学生；你将如何在这“小天地”度过你的大学生活，你又将在哪些方面有所长进，下面的内容或许能

使你眼前一亮。

1. 专业

没有垃圾专业，只有垃圾学生。大学是一种文化与精神凝聚的场所。很多学生学到了皮却没有学到内涵。专业不是你能学到什么，而是你有没有学会怎么学到东西。专业的价值在于你能往大脑里装多少东西。很多学生认为自己分数高就是专业扎实。但是进入工作单位后，你会发现这个根本没有用！分数高代表你的考试技能高，不代表你的专业扎实。高分不一定低能，也不一定高能。两者没有任何必然联系。

2. 社团

外国大学的社团当然锻炼人，组织活动，拉赞助，协调人际关系，然后还有很多时候要选择项目维持社团运作，是一个完整的公司模式。在中国的大学社团你可以学到沟通能力，而且社团更像一个微型的社会，你该怎么周旋？你该怎么适应？其间你要学会怎么正视别人的白眼儿，学会怎么调节好自己的利益和别人之间的关系。

3. 技能

【硬件】

(1) 英语　英语四级证，怎么说呢？算是城市户口。你怎么活下去还是看你的真本事。口语、写作是重中之重。毕竟金山词霸还能在你翻译的时候帮你一把，可是口语交流你总不能捧个文曲星吧？抱怨的时候多看看剑桥的《商务英语》，有用，谁看谁知道。

(2) 专业　专业是立身之本，在企业中，过硬的专业素质是你的立身之本。你有知识才能有发展，就算转行，将来也将有很大的优势。

还是那句话，专业的人不是头脑里有多少知识的人，而是工作的专业与自己所学专业不符合的人能不能很快上手，能不能很快有自己的见解。

【软件】

(1) 心态　心平气和地做好手头的工作，你必然会有好结果的。态度决定一切！

(2) 知识　不是专业。知识涉猎不一定专，但一定要广！多看看其他方面的书，金融、财会、进出口、税务、法律等等，为以后做一些积累，以后的用处会更大！会少交许多学费！

（3）思维　务必培养自己多方面的能力，包括管理，亲和力，察言观色能力，公关能力等，要成为综合素质的高手，则前途无量！技术以外的技能也是重要的本事！从古到今，美国、日本，一律如此！

（4）人脉　多交朋友！不要只和与你一样的人交往，认为有共同语言，其实更重要的是和其他类型的人交往，了解他们的经历、思维习惯、爱好，学习他们处理问题的模式，了解社会各个角落的现象和问题，这是以后发展的巨大本钱。

（5）修身　要学会善于推销自己！不仅要能干，还要能说，能写，善于利用一切机会推销自己，树立自己的品牌形象。要创造条件让别人了解自己，不然老板怎么知道你能干？外面的投资人怎么相信你？

最后的最后，永远别忘记对自己说——我是一名大学生，我终将战胜困难，走向光明未来。

二、挑战大学新生常见问题

1. 初入大学的迷惘

（1）大一新生的困惑　对你来说，可能期待大学生活是辉煌灿烂的一个阶段，渴望多姿多彩的校园生活令你终身难以忘怀。然而，当大学生活初步被安顿下来，开始了正常的学习生活之后，最初的惊奇与激情逐渐逝去，大学新生要面临的是一段艰难的心理适应期。

案例

“刚上大学时远离了父母，远离了昔日的朋友，我的心里非常迷惘、非常伤感。新同学的陌生更增加了我心底那份化不开的孤独。每天背着书包奔波在校园中，独自品味着生活的白开水。”一位大学新生在接受心理辅导时如是说。

（2）为什么大学新生容易产生适应困难

①新环境中知音难觅。与大学里面的新同学接触时，总习惯拿高中时

的好友为标准来加以衡量。由于有老朋友的存在，常常会觉得新面孔不太合意。

在高中阶段，上大学几乎是所有高中生最迫切的目标，在这个统一的目标下，找到志同道合的朋友很容易。但是进入大学以后，各人的目标和志向会发生很大的变化，要找到一个在某一方面有共同追求的朋友，就需要较长时间的努力。

②中心地位的失落。全国各地的同学汇集一堂，相比之下，很多新生会发现自己显得比较平常，成绩比自己更优异的同学比比皆是。

这一突然的变化使一些新生措手不及，无法接受理想自我和现实自我之间的巨大差距，一种失落感便袭上心头。

③强烈的自卑感。某些男同学可能会因为身材矮小而自卑，某些女同学可能因长相不佳而自卑；还有一些来自农村或小城镇的同学，与来自大城市的同学相比，往往会觉得自己见识浅薄，没有特长，从而产生自卑感。

2. 环境适应

（1）适应新的校园环境　首先要尽快熟悉校园的“地形”。这样，在办理各种手续、解决各种问题的时候就会比别人更顺利、更节省时间。

其次，在班级中担任一定的工作，也能帮助你尽快适应校园生活。这样与老师、同学接触得越多，掌握的信息越多，锻炼的机会也越多，能力提高很快，自信心也就逐渐建立起来了。

（2）适应校园中的人际环境　你来到大学校园，最有可能面临的情况如下。

①多人共享一间宿舍。你们会出现就寝、起床时间的差异、个人卫生要求、习惯的差异、对物品爱惜程度的差异等等。在宿舍生活，就是一个五湖四海的融合过程，意味着你们要彼此适应，互相理解、互相包容。

建议在符合学校相关管理制度的基础上，制定一个宿舍公约，这样将便于宿舍内所有人更好、更舒适地生活。

②饮食的差异。食堂的饭菜可能和你家乡的饮食有所差别，你的味

蕾、你的胃都要去适应。在外就餐要注意饮食健康。

③可支配生活费的差异。面对同学们之间支配金钱能力的差异，要摆正心态，树立简朴生活的观念，做到勤俭节约，合理安排生活费，保证学习的有效进行。并学会自立、自强，学习理财，如有需要可向生源地申请助学贷款、向学校申请国家奖助学金及各类社会助学金等。

（3）适应校园外的社会环境　离开家乡到异地求学，意味着踏入一个不同的社会环境，怎样搭乘公共汽车、怎样向别人问路、怎样去商店买东西、怎样和小商贩讨价还价都要逐步熟悉。了解适应社会环境都有哪些形式，总的来说，适应社会环境有两种形式：一种是改造社会环境，使环境合乎我们的要求；另一种形式是改造我们自己，去适应环境的要求。无论哪种形式，最后都要达到环境与我们自身的和谐一致。

3. 生活适应

（1）培养生活自理能力

案例

某女大学生在考入理想的大学后，从小城市到大城市，从温暖、充满母爱的小家庭到校园中的大家庭，完全不能适应。她说："洗澡要排队，衣服要自己洗，食堂的饭菜又难以下咽……"为此天天给家里打长途电话诉苦。电话里的哭声让母亲揪心，于是母亲只好请假租房陪女儿读书。

从离不开父母的家庭生活到事事完全自理的大学生活，一切都要从头学起。从某种意义上说，这是一种真正的生活独立性的训练。

（2）培养良好的生活习惯　生活习惯代表着个人的生活方式。良好的生活习惯不仅能促进个人的身心健康，而且也能对人的未来发展有间接的作用。

①要合理地安排作息时间，形成良好的作息制度。因为有规律的生活能使大脑和神经系统的兴奋和抑制交替进行，天长日久，能在大脑皮质上形成动力定型，这对促进身心健康是非常有利的。

②要参加适当的体育锻炼和文娱活动。学习之余参加一些文体活动，不但可以缓解刻板紧张的生活，还可以放松心情、增加生活乐趣，反而有助于提高学习效率。

③要保证合理的营养供应，养成良好的饮食习惯。

④要改正或防止吸烟、酗酒、沉溺于电子游戏等不良的生活习惯。

（3）安排好课余时间　大学校园除了日常的教学活动之外，还有各种各样的讲座、讨论会、学术报告、文娱活动、社团活动、公关活动等。这些活动对于大学新生来说，的确是令人眼花缭乱，对于如何安排课余时间，大学新生常常心中没谱。如果完全按照兴趣，随意性太大，很难有效地利用高校的有利环境和资源。

应该了解自己近期内要达到哪些目标，长远目标是什么，自己最迫切需要的是什么，各种活动对自己发展的意义又有多大等。然后做出最好的时间安排，并且在执行计划中不断地修正和发展。

丰富的课余生活不仅会增添人生乐趣，也有利于建立自信心，增强社会适应能力。

4. 学习适应

（1）大学新生容易产生学习动机不足的现象　相当一部分大学生身上不同程度地存在着学习动力不足的问题。上大学前后的“动机落差”，自我控制能力差，缺乏远大的理想，没有树立正确的人生观，都是导致大学新生学习动机不足的重要原因。

（2）适应校园的学习气氛　大学里面的学习气氛是外松内紧的。和中学相比，在大学里很少有人监督你，很少有人主动指导你；这里没有人给你制定具体的学习目标，考试一般不公布分数、不排红榜……

但这里绝不是没有竞争。每个人都在独立地面对学业；每个人都该有自己设定的目标；每个人都在和自己的昨天比，和自己的潜能比，也暗暗地与别人比。

（3）调整学习方法　进入大学后，以教师为主导的教学模式变成了以学生为主导的自学模式。教师在课堂讲授知识后，学生不仅要消化理解课堂上学习的内容，而且还要大量阅读相关方面的书籍和文献资料，逐渐地从“要我学”向“我要学”转变，不采用题海战术和死记硬背的方法，提倡生动活泼地学习，提倡勤于思考。

可以说，自学能力的高低成为影响学业成绩的最重要因素。从旧的学习方法向新的学习方法过渡，这是每个大学新生都必须经历的过程。

（4）适应专业学习　对专业课的学习应目标明确具体，主动克服各种学习困难，不断提高学习兴趣；对待公共课，要认识到其实用的价值，努力把对公共课的间接兴趣转化为直接学习兴趣；对选修课的学习，应注意克服仅仅停留在浅层的了解和获知的现象。

（5）适应学习科目　中学阶段，我们一般只学习十门左右的课程，而且有两年时间都把精力放到高考科目上了，老师主要讲授一般性的基础知识。而大学里需要学习的课程有几十门，每一个学期学习的课程都不相同，内容多，学习任务远比中学重得多。大学一年级主要学习公共课程和专业基础课，大学二年级主要学习专业课和专业技能课程以及选修课，大学三年级重点进行专业实习以及顶岗实习。

（6）适应自主学习　中学里，经常有老师占用自习课，让同学们非常苦恼，大学里这种情况几乎不存在了。因为大学里课堂讲授相对减少，自学时间大量增加。同时，大学为学生学习提供了非常好的环境，有藏书丰富的图书馆，有设备先进的实验室，有丰富多彩的课外活动及社团活动。

（7）明确技能要求　在中学时期，学习的内容就是语数外等高考科目，到了大学阶段，我们学习的内容转变以技能为主，强调动手能力，加强技能学习与训练。

※ 高中和大学的区别——

高中事情父母包办；大学住校凡事要自己解决。

高中有事班主任通知；大学有事要自己看通知。

高中父母是你的守护者；大学在外你是自己的天使。

高中衣来伸手饭来张口；大学要自力更生丰衣足食。

※ 常见的品质——

①令人喜欢的品质	②中性品质	③令人厌恶的品质
☆ 热情	◇ 易动情	★ 不可信
☆ 善良	◇ 羞怯	★ 恶毒
☆ 友好	◇ 天真	★ 令人讨厌
☆ 快乐	◇ 好动	★ 不真实
☆ 不自私	◇ 空想	★ 不诚实
☆ 幽默	◇ 追求物欲	★ 冷酷
☆ 负责	◇ 反叛	★ 邪恶
☆ 开朗	◇ 孤独	★ 装假
☆ 信任别人	◇ 依赖别人	★ 说谎

三、新的起点，开启新的人生

成为一名大学生，也掀开了你新的人生篇章。在新的环境中，如想更好地生存和发展，需要尽快熟悉和适应这样的生活。同时在新的环境中开始，我们也可以抛弃过去不好的行为和习惯，秉承好的传统，学习新的更有价值和意义的知识、方法和技能。来到同一个大学，大家的起跑线相同，对你来说也是更大的机遇。及早做好准备，对自己的人生目标做出分析和确定，而且也愿意花最多时间去完成这个你在医药行业里确立的职业生涯目标，这个目标可以体现你的价值、理想，和对这种成就有追求动机或兴趣。设定一个明确的、可衡量的、可执行的、有时限的目标至关重要，因为“没有目标的人永远给有目标的人打工”。

在大学生活中，要如何完善自己，开启自己新的人生呢？

1. 制定科学的专业学习计划

通常个人的专业学习计划应当包括以下三方面的内容。

（1）明确的专业学习目标　也就是学生通过专业学习达到预期的结果，在专业基本理论、基本知识和基本技能方面达到的水平，在专业能力方面和实际应用方面达到的目标。

（2）进程表　即学习时间和学习进度安排表，包括两个层次，一是总体学习时间和学习进度安排表，即大学期间如何安排专业学习进程，一般地，大学专业学习进程指导原则是第一年打基础，即学习从事多种职业能力通用的课程和继续学习必需的课程。二是学期进程表，把一个学期的全部时间分成三个部分：学习时间、复习时间、考试时间。分别在三个时间段内制定不同的学习进程表。三是课程进度表，是学生在每门课程中投入的时间和精力的体现。

（3）完成计划的方法和措施　主要指学习方式，学习方式的选择需要考虑的因素：学习基础、学习能力、学习习惯、学科性质、学校能够提供的支持服务、学生能够保证的学习时间等，还要遵循学习心理活动特点和学习规律以及个人的生理规律等。

那么，什么样的专业学习计划才算是科学合理的呢？

（1）全面合理　计划中除了有专业学习时间外，还应有学习其他知识的时间。也就是要有合理的知识结构。知识结构是指知识体系在求职者头脑中的内在联系。结构决定着能力，不同的知识结构预示着能否胜任不同性质的工作。随着科学技术的发展，职业发展呈现出智能化、综合化等特点，根据职业发展特点，从业者的知识结构应该更加宽泛、合理。大学生在校学习期间，不仅要掌握本专业知识技能，而且要对相近或相关知识技能进行学习。宽厚的基础知识和必要技能的掌握，才能适应因社会快速发展而对人才要求的不断变化。此外，还应有进行社会工作、为集体服务的时间；有保证休息、娱乐、睡眠的时间。

（2）长时间短安排　在一个较长的时间内，究竟干些什么，应当有个大致计划。比如，一个学期、一个学年应当有个长计划。

（3）重点突出　学习时间是有限的，而学习的内容是无限的，所以必须有重点，要保证重点，兼顾一般。

（4）脚踏实地　一是知识能力的实际，每个阶段，在计划中要接受消化多少知识？要培养哪些能力？二是指常规学习时间与自由学习时间各有多少？三是“债务”实际，对自己在学习上的“欠债”情况心中有数。四是教学进度的实际，掌握教师教学进度，就可以妥善安排时间，不至于使自己的计划受到“冲击”。

（5）适时调整　每一个计划执行结束或执行到一个阶段，就应当检查一下效果如何。如果效果不好，就要找找原因，进行必要的调整。检查的内容应包括：计划中规定的任务是否完成，是否按计划去做了，学习效果如何，没有完成计划的原因是什么。通过检查后，再修订专业学习计划，改变不科学、不合理的地方。

（6）灵活性　计划变成现实，还需要经过一段时间，在这个过程中会遇到许多新问题、新情况，所以计划不要太满、太死、太紧。要留出机动时间，使计划有一定机动性、灵活性。

2. 能力的自我培养

大学生在大学期间应基本上具有工作岗位所要求的能力，这就要求大学生在大学期间注重能力的自我培养。其途径主要有以下几个。

（1）积累知识　知识是能力的基础，勤奋是成功的钥匙。离开知识的积累，能力就成了“无源之水”，而知识的积累要靠勤奋的学习来实现。大学生在校期间，既要掌握已学书本上的知识和技能，也要掌握学习的方法，学会学习，养成自学的习惯，树立终身学习的意识。

（2）专业实验，勤于实践　实验是理论知识的升华和检验，我们可以通过实验来检验专业的理论知识，也能巩固理论知识，加深理解。而实践是培养和提高能力的重要途径，是检验学生是否学到知识的标准。因此大学生在校期间，既要主动积极参加各种校园文化活动，又要勇于参与一些社会实践活动；既要认真参加社会调查活动，又要热心各种公益活动；既要积极参与校内外相结合的科学研究、科技协作、科技服务活动，参加以校内建设或社会生产建设为主要内容的生产劳动，又要热忱参加教育实习活功，参加学校举办的各种类型的学习班、讲学班等。

（3）发展兴趣　兴趣包括直接兴趣和间接兴趣。直接兴趣是事物本身引起的兴趣；间接兴趣是对能给个体带来愉快或益处的活动结果发生的兴趣，人的意志在其中起着积极的促进作用。大学生应该重点培养对学习的间接兴趣，以提高自身能力为目标鼓励自己学习。

（4）超越自我　作为一名大学生，应当注意发展自己的优势能力，但只有优势能力是不够的，大学生必须对已经具备的能力有所拓展，不管其发展程度如何，这是今后生存的需要，也是发展的需要。

3. 身心素质培养

身体素质和心理素质合称为身心素质。身心素质对大学生成才有着重大影响，因此不断提升身心素质尤为重要。大学生心理素质提升的主要途径如下。

（1）科学用脑

①勤于用脑　大脑用得越勤快，脑功能越发达。讲究最佳用脑时间。研究发现，人的最佳用脑时间存在着很大的差异性，就一天而言，有早晨学习效率最高的百灵鸟型，有夜晚学习效率最高的猫头鹰型，也有最佳学习时间不明显的混合型。

②劳逸结合　从事脑力劳动的时候，大脑皮质兴奋区的代谢过程就逐步加强，血流量和耗氧量也增加，从而使脑的工作能力逐步提高。如果长时间用大脑，消耗的过程逐步越过恢复过程，就会产生疲劳。疲劳如果持续下去，不仅会使学习和工作效率降低，还会引起神经衰弱等疾病。

③多种活动交替进行　人的脑细胞有专门的分工，各司其职。经常轮换脑细胞的兴奋与抑制，可以减轻疲劳，提高效率。

④培养良好的生活习惯　节奏性是人脑的基本规律之一，大脑皮质的兴奋与抑制有节奏地交替进行，大脑才能发挥较大效能。要使大脑兴奋与抑制有节奏，就要养成良好的生活习惯。

（2）正确认识自己　良好的自我意识要求做到自知、自爱，其具体内涵是自尊、自信、自强、自制。自信、自强的人对自己的动机、目的有明确的了解，对自己的能力能做出比较客观的估价。

（3）自觉控制和调节情绪　疾病都与情绪有关，长期的思虑忧郁，过度的气愤、苦闷，都可能导致疾病的发生。大学生希望有健康的身心，就必须经常保持乐观的情绪，在学习、生活和工作中有效地驾驭自己的情绪活动，自觉地控制和调节情绪。

（4）提高克服挫折的能力　正视挫折，战胜或适应挫折。遇到挫折，要冷静分析原因，找出问题的症结，充分发挥主观能动性，想办法战胜它。如果主客观差距太大，虽然经过努力，也无法战胜，就接受它，适应它，或者另辟蹊径，以便再战。要多经受挫折的磨炼。

4. 选择与决策能力的培养

做出明智的选择是一项与每个人的成长、生活息息相关的基本生存技能，我们的每一个决定，都会影响我们的职业生涯发展。在我们的一生中，需要花费无数的时间与精力来选择或做出决定，小到选乘公交车，大到求学、择业，还有恋爱与婚姻……的确，成功与幸福很大程度上取决于我们在“十字路口”上的某个决定。如果能够具备良好的选择和决策能力，那我们在职业发展的道路上会比别人少浪费很多时间。

5. 学会职业适应与自我塑造

法国哲学家狄德罗曾说过：知道事物应该是什么样，说明你是聪明人；知道事物实际是什么样，说明你是有经验的人；知道如何使事物变得更好，说明你是有才能的人。显然，要想获得职业上的成功，首先是学会适应职业环境，就像大自然中的千年动物，能够随着自然环境的变化而调整、改变自己，避免成为“娇贵”的恐龙！

总而言之，在我们非常宝贵的大学期间，我们应努力培养以下各种技能：自学能力、设备使用操作能力、实验动手能力、应用计算机能力、绘图能力、实验测试能力、技术综合能力、独立工作能力、实验数据分析处理能力、独立思考与创造能力、管理能力、组织管理与社交能力、文字语言表达能力。为了达到以上的目标，我们必须提早动手，对未来的学习有个前瞻性的规划，通过学习计划的设计与按部就班的实施，你的目标终将会逐一实现。

四、医药人，我有我要求

近年来，我国医药行业发展迅速，人才需求旺盛。企业在用人方面反馈出新进员工普遍存在敬业精神及合作态度等方面问题，这也就牵涉到当代医药人职业素养层次的问题。在正式成为医药行业高技能人才之前，请你务必意识到良好的职业素养是你今后职业生涯成功与否的基础。

1. 职业素养涵盖的范畴

很多业界人士认为，职业素养至少包含两个重要因素：敬业精神及合作的态度。敬业精神就是在工作中要将自己作为公司的一部分，不管做什么工作一定要做到最好，发挥出实力，对于一些细小的错误一定要及时地更正，敬业不仅仅是吃苦耐劳，更重要的是“用心”去做好公司分配给的每一份工作。态度是职业素养的核心，好的态度比如负责的、积极的、自信的、建设性的、欣赏的、乐于助人等态度是决定成败的关键因素。

职业素养是个很大的概念，是人类在社会活动中需要遵守的行为规范。职业素养中，专业是第一位的，但是除了专业，敬业和道德是必备的，体现到职场上就是职业素养，体现在生活中的就是个人素质或者道德修养。职业素养是在职业过程中表现出来的综合品质，概况来说就是指职业道德、职业思想（意识）、职业行为习惯、职业技能等四个方面。职业素养是一个人职业生涯成败的关键因素，职业素养量化而成“职商”，英文 career quotient 简称 CQ。也可以说一生成败看职商。

2. 大学生职业素养的构成

大学生的职业素养可分为显性和隐性两部分（图 1－1）。

（1）显性素养　形象、资质、知识、职业行为和职业技能等方面是显性部分。这些可以通过各种学历证书、职业证书来证明，或者通过专业考试来验证。

图 1－1　“素质冰山”理论中显性素养和隐性素养比例图示

（2）隐性素养　职业意识、职业道德、职业作风和职业态度等方面是隐性的职业素养。“素质冰山”理论认为，个体的素质就像水中漂浮的一座冰山，水上部分的知识、技能仅仅代表表层的特征，不能区分绩效优劣；水下部分的动机、特质、态度、责任心才是决定人的行为的关键因素，鉴别绩效优秀者和一般者。大学生的职业素养也可以看成是一座冰山：冰山浮在水面以上的只有1/8是人们看得见的、显性的职业素养；而冰山隐藏在水面以下的部分占整体的7/8是人们看不见的、隐性的职业素养。显性职业素养和隐性职业素养共同构成了所应具备的全部职业素养。由此可见，大部分的职业素养是人们看不见的，但正是这7/8的隐性职业素养决定、支撑着外在的显性职业素养，同时，显性职业素养是隐性职业素养的外在表现。因此，大学生职业素养的培养应该着眼于整座“冰山”，以培养显性职业素养为基础，重点培养隐性职业素养。

3. 大学生应具备的职业素养

为了顺应知识经济时代社会竞争激烈、人际交往频繁、工作压力大等特点的要求，每个大学生应具备以下几种基本的职业素养。

（1）思想道德素质　近年来，用人单位对大学毕业生的思想道德素质越来越重视，他们认为思想道德素质高的学生不仅用起来放心，而且有利于本单位文化的发展和进步。思想是行动的先导，而道德是立身之本，很难想象一个思想道德素质差的人能够在工作中赢得别人充分的信任和良好的合作。毕竟人是社会的人，在企业的工作中更是如此。所以，企业在选拔录用毕业生时，对思想道德素质都会很在意。虽然这种素质很难准确测量，但是人的思想道德素质会体现在人的一言一行中，这也是面试的主要目的之一。

（2）事业心和责任感　事业心是指干一番事业的决心。有事业心的人目光远大、心胸开阔，能克服常人难以克服的困难而成为社会上的佼佼者。责任感就是要求把个人利益同国家和社会的发展紧密联系起来，树立强烈的历史使命感和社会责任感。拥有较强的事业心和责任感的大学生才能与单位同甘共苦、共患难，才能将自己的知识和才能充分发挥出来，从而创造出效益。

（3）职业道德　职业道德体现在每一个具体职业中，任何一个具体职业都有本行业的规范，这些规范的形成是人们对职业活动的客观要求。从业者必须对社会承担必要的职责，遵守职业道德，敬业、勤业。具体来说，就是热爱本职工作，恪尽职守，讲究职业信誉，刻苦钻研本职业务，对技术和专业精益求精。在今天，敬业勤业更具有新的、丰富的内涵和标准。不计较个人得失、全心全意为人民服务、勤奋开拓、求实创新等，都是新时代对大学毕业生职业道德的要求。缺乏职业道德的大学毕业生不可能在工作中尽心尽力，更谈不上有所作为；相反，大学毕业生如果拥有崇高的职业道德，不断努力，那么在任何职业上都会做出贡献，服务社会的同时体现个人价值。

（4）专业基础　随着科学技术的迅速发展，社会化大生产不断壮大，现代职业对从业人员专业基础的要求越来越高，专业化的倾向越来越明显。“万金油”式的人才已经不能满足市场的需求，只有拥有“一专多能”才能在求职过程中取胜。大学毕业生应该拥有宽厚扎实的基础知识和广博精深的专业知识。基础知识、基本理论是知识结构的根基。拥有宽厚扎实的基础知识，才能有持续学习和发展的基础和动力。专业知识是知识结构的核心部分，大学生要对自己所从事专业的知识和技术精益求精，对学科的历史、现状和发展趋势有较深的认识和系统的了解，并善于将所学的专业和其他相关知识领域紧密联系起来。

（5）学习能力　现代社会科学技术飞速发展，一日千里。只有基础牢，会学习，善于汲取新知识、新经验，不断在各方面完善自己，才能跟上时代的步伐。有研究认为，一个大学毕业生在学校获得的知识只占一生工作所需知识的10%，其余需在毕业后的继续学习中不断获取。

（6）人际交往能力　人际交往能力就是与人相处的能力。随着社会分工的日益精细以及个人能力的限制，单打独斗已经很难完成工作任务，人际间的合作与沟通已必不可少。大学毕业生应该积极主动地参与人际交往，做到诚实守信、以诚待人，同时努力培养团队协作精神，这样才能逐步提高自己的人际交往能力。

（7）吃苦精神　用人单位认为近年来所招大学毕业生最缺乏的素质是

实干精神。现在的大学生最大的弱点是怕吃苦，缺乏实干的奋斗精神。但凡有所成就的人，无一不是通过艰苦创业而成才的。作为当代大学生，我们应从平时小事做起，努力培养吃苦耐劳的创业精神。

（8）创新精神　现代社会日新月异，我们不能墨守成规。在市场经济条件下，各企业都要参与激烈的市场竞争。用人单位迫切需要大学生运用创新精神和专业知识来帮助他们改造技术，加强企业管理，使产品不断更新和发展，给企业带来新的活力。信息时代是物质极弱的时代，非物质需求成为人类的重要需求，信息网络的全球架构使人类生活的秩序和结构发生根本变化。人才，尤其是信息时代的人才，更需要创新精神。

（9）身体素质　现代社会生活节奏快，工作压力大，没有健康的体魄很难适应。用人单位都希望自己的员工能健康地为单位多做贡献，而不希望看到他们经常请病假。身体有疾病的员工不但会耽误自己的工作，还有可能对单位的其他同事造成影响。用人单位和大学生签订协议书之前，都会要求大学生提交身体检查报告，如果身体不健康，即使其他方面非常优秀，也会被拒之门外。

（10）健康的心理　健康的心理是一个人事业能否取得成功的关键，它是指自我意识的健全，情绪控制的适度，人际关系的和谐和对挫折的承受能力。心理素质好的人能以旺盛的精力、积极乐观的心态处理好各种关系，主动适应环境的变化；心理素质差的人则经常处于忧愁困苦中，不能很好地适应环境，最终影响了工作甚至带来身体上的疾病。大学毕业生在走出校园以后，会遇到更加复杂的人际关系，更为沉重的工作压力，这都需要大学毕业生很好地进行自我调适以适应社会。

总的来说，大学生应具备的职业意识包括：市场意识、创新意识、合作意识、服务意识、法律意识、竞争意识、创业意识。大学生应具备的职业能力包括以下几个方面：终身学习能力、人际沟通能力、开发创造能力、协调沟通能力、言语表达能力、组织管理能力、判断决策能力、职场人格魅力、信息处理能力、应变处理能力。

4. 职业素养的自我培养

作为职业素养培养主体的大学生，在大学期间应该学会自我培养。

（1）要培养职业意识。雷恩·吉尔森说：“一个人花在影响自己未来命运的工作选择上的精力，竟比花在购买穿了一年就会扔掉的衣服上的心思要少得多，这是一件多么奇怪的事情，尤其是当他未来的幸福和富足要全部依赖于这份工作时。”很多高中毕业生在跨进大学校门之时就认为已经完成了学习任务，可以在大学里尽情地“享受”了。这正是他们在就业时感到压力的根源。清华大学的樊富珉教授认为，中国有69%~80%的大学生对未来职业没有规划、就业时容易感到压力。在校大学生心理健康状况调查显示，75%的大学生认为压力主要来源于社会就业。50%的大学生对于自己毕业后的发展前途感到迷茫，没有目标；41.7%的大学生表示目前没考虑太多：只有8.3%的人对自己的未来有明确的目标并且充满信心。培养职业意识就是要对自己的未来有规划。因此，大学期间，每个大学生应明确我是一个什么样的人？我将来想做什么？我能做什么？环境能支持我做什么？着重解决一个问题，就是认识自己的个性特征，包括自己的气质、性格和能力，以及自己的个性倾向，包括兴趣、动机、需要、价值观等。据此来确定自己的个性是否与理想的职业相符，对自己的优势和不足有一个比较客观的认识，结合环境如市场需要、社会资源等确定自己的发展方向和行业选择范围，明确职业发展目标。

（2）配合学校的培养任务，完成知识、技能等显性职业素养的培养。职业行为和职业技能等显性职业素养比较容易通过教育和培训获得。学校的教学及各专业的培养方案是针对社会需要和专业需要所制定的，旨在使学生获得系统化的基础知识及专业知识，加强学生对专业的认知和知识的运用，并使学生获得学习能力、培养学习习惯。因此，大学生应该积极配合学校的培养计划，认真完成学习任务，尽可能利用学校的教育资源，包括教师、图书馆等获得知识和技能，作为将来职业需要的储备。

（3）有意识地培养职业道德、职业态度、职业作风等方面的隐性素养。隐性职业素养是大学生职业素养的核心内容。核心职业素养体现在很多方面，如独立性、责任心、敬业精神、团队意识、职业操守等。事实表明，很多大学生在这些方面存在不足。有记者调查发现，缺乏独立性、会抢风头、不愿下基层吃苦等表现容易断送大学生的前程。如某企业招聘负责人在他所进行的一次招聘中，一位来自上海某名牌大学的女生在中文笔试和外语口试中都很优秀，但被最后一轮面试淘汰。他说："我最后不经意地问她，你可能被安排在大客户经理助理的岗位，但你的户口能否进深圳还需再争取，你愿意么?"结果，她犹豫片刻回答说："先回去和父母商量再决定。"缺乏独立性使她失掉了工作机会。而喜欢抢风头的人被认为没有团队合作精神，用人单位也不喜欢。如今，很多大学生生长在"6 + 1"的独生子女家庭，因此在独立性、承担责任、与人分享等方面都不够好，相反他们爱出风头、容易受伤。因此，大学生应该有意识地在学校的学习和生活中主动培养独立性、学会分享、感恩、勇于承担责任，不要把错误和责任都归咎于他人。自己摔倒了不能怪路不好，要先检讨自己，承认自己的错误和不足。

大学生应该加强自我修养，在思想、情操、意志、体魄等方面进行自我锻炼。同时，还要培养良好的心理素质，增强应对压力和挫折的能力，善于从逆境中寻找转机。

5. 医药人的职业道德要求

（1）药学科研的职业道德要求

①忠诚事业，献身药学；

②实事求是，一丝不苟；

③尊重同仁，团结协作；

④以德为先，尊重生命。

（2）药品生产的职业道德要求

①保证生产，社会效益与经济效益并重；

②质量第一，自觉遵守规范（GMP）；

③保护环境，保护药品生产者的健康；

④规范包装，如实宣传；

⑤依法促销，诚信推广。

（3）药品经营的职业道德要求

①药品批发的道德要求

ⅰ. 规范采购，维护质量；

ⅱ. 热情周到，服务客户。

②药品零售的道德要求

ⅰ. 诚实守信，确保销售质量；

ⅱ. 指导用药，做好药学服务。

（4）医院药学工作的职业道德要求

①合法采购，规范进药；

②精心调剂，热心服务；

③精益求精，确保质量；

④维护患者利益，提高生活质量。

任务二 高等职业教育，我的选择无怨无悔

一、普通高等教育和高等职业教育

《国家中长期教育改革和发展规划纲要（2010～2020 年）》（简称《教育规划纲要》），对高等教育提出了发展规划。基于此，我们来看一下普通高等教育和高等职业教育。

1. 普通高等教育

高等教育承担着培养高级专门人才、发展科学技术文化、促进社会主义现代化建设的重大任务。到 2020 年，高等教育结构更加合理，特色更加鲜明，人才培养、科学研究和社会服务整体水平全面提升，着力培养信念执著、品德优良、知识丰富、本领过硬的高素质专门人才和拔尖创新人才。

国家将加快建设一流大学和一流学科。以重点学科建设为基础，继续实施“985 工程”和优势学科创新平台建设，继续实施“211 工程”和启动特色重点学科项目。坚持服务国家目标与鼓励自由探索相结合，加强基础研究；以重大现实问题为主攻方向，加强应用研究。促进高校、科研院

所、企业科技教育资源共享，推动高校创新组织模式，培育跨学科、跨领域的科研与教学相结合的团队。

普通高等教育五大学历教育是国家教育部最为正规且用人单位最为认可的学历教育，主要包括全日制普通博士学位研究生、全日制普通硕士学位研究生（包括学术型硕士和专业硕士）、全日制普通第二学士学位、全日制普通本科、全日制普通专科（高职）。

2. 高等职业教育

我国的高等职业技术教育开始于20世纪80年代初，1995年以后，特别是1996年6月全国教育工作会议之后，高等职业技术教育发展迅速。中央和地方也出台了一系列好政策、好措施。教育部批准设置了92所高等职业技术学院，各地方也成立了具有地方特色的高等职业技术学院，许多普通高校也以不同形式设置了职业技术学院，高等职业技术教育的发展出现了大好局面。

国家在《教育规划纲要》中提及要大力发展职业教育。职业教育要面向人人、面向社会，着力培养学生的职业道德、职业技能和就业创业能力。到2020年，形成适应经济发展方式转变和产业结构调整要求、体现终身教育理念、中等和高等职业教育协调发展的现代职业教育体系，满足人民群众接受职业教育的需求，满足经济社会对高素质劳动者和技能型人才的需要。

政府切实履行发展职业教育的职责。把职业教育纳入经济社会发展和产业发展规划，促使职业教育规模、专业设置与经济社会发展需求相适应。统筹中等职业教育与高等职业教育发展。健全多渠道投入机制，加大职业教育投入。

把提高质量作为重点。以服务为宗旨，以就业为导向，推进教育教学改革。实行工学结合、校企合作、顶岗实习的人才培养模式。坚持学校教育与职业培训并举，全日制与非全日制并重。调动行业企业的积极性。

由此来看，高等职业院校既拥有普通高等教育的学历，也享受到国家对高等教育和职业教育的双重投入。身为高等职业院校学生的你，不仅将成长为高素质技能型人才服务于企业和社会，也将有机会继续深造提升学历水平，成为本领过硬的高素质专门人才和拔尖创新人才。

3. 高等职业技术教育与普通高等教育比较研究

目前我国正在加紧推进高等教育大众化进程，而加速高等职业教育的发展是实现高等教育大众化的主要途径。高等职业教育和普通高等教育有着许多相同的地方，如共同遵循教育的基本原则，共同追求培养社会主义的德智体美劳全面发展的建设者和接班人的总体目标，共同遵循政策宏观调控与高校自主办学积极性相结合的原则，共同接受衡量教育教学质量的一个宏观标准。但高等职业教育与普通高等教育又有着明显的区别。

（1）高等职业教育与普通高等教育在人才培养上的区别

①源渠道上的区别　目前高职院校的生源来自于三个方面：一是参加普通高考的学生，二是中等职业技术学院和职业高中对口招生的学生，三是初中毕业的学生；而普通高等教育的生源通常是在校的高中毕业生。

②培养日标上的区别　普通高等教育主要培养的是研究型和探索型人才以及设计型人才，而高等职业教育则是主要培养既具有大学程度的专业知识，又具有高级技能，能够进行技术指导并将设计图纸转化为所需实物，能够运用设计理念或管理思想进行现场指挥的技术人才和管理人才。换句话说，高等职业教育培养的是技艺型、操作型、具有大学文化层次的高级技术人才。同普通高等教育相比，高等职业教育培养出来的学生，毕业后大多数能够直接上岗，一般没有所谓的工作过渡期或适应期，即使有也是非常短的。

③与经济发展关系上的区别　随着社会的发展，高等教育与社会经济发展的联系越来越紧密，高等职业教育又是高等教育中同经济发展联系最为密切的一部分。在一定的发展阶段中，高等职业教育的学生人数的增长与地区的国民生产总值的变化处于正相关状态，高职教育针对本地区的经济发展和社会需要，培养相关行业的高级职业技术人才，它的规模与发展速度和产业结构的变化，取决于经济发展的速度和产业结构的变化。随着我国经济结构的战略性调整，社会对高等职业教育的发展要求和定位必然以适应社会和经济发展的需求为出发点和落脚点，高等职业教育如何挖掘自身内在的价值，使之更有效地服务于社会是其根本性要求。

④专业设置与课程设置上的区别　在专业设置及课程设置上，普通高等教育是根据学科知识体系的内部逻辑来严格设定的，而高等职业教育则是以职业岗位能力需求或能力要素为核心来设计的。就高等职业教育的专业而言，可以说社会上有多少个职业就有多少个专业；就高等职业教育的课程设置而言，也是通过对职业岗位的分析，确定每种职业岗位所需的能力或素质体系，再来确定与之相对应的课程体系。有人形象地说，以系列产品和职业证书来构建课程体系，达到高等职业教育与社会需求的无缝接轨。

⑤培养方式上的区别　普通高等教育以理论教学为主，虽说也有实验、实习等联系实际的环节，但其目的仅仅是为了更好地学习、掌握理论知识，着眼于理论知识的理解与传授。而高等职业教育则是着眼于培养学生的实际岗位所需的动手能力，强调理论与实践并重，教育时刻与训练相结合，因此将技能训练放在了极其重要的位置上，讲究边教边干，边干边学，倡导知识够用为原则，缺什么就补什么，实践教学的比重特别大。这样带来的直接效果是，与普通高等教育相比，高等职业教育所培养的学生，在毕业后所从事的工作同其所受的职业技术教育的专业是对口的，他们有较好的岗位心理准备和技术准备，因而能迅速地适应各种各样的工作要求，为单位带来更大的经济效益。

（2）高等职业教育与普通高等教育在课堂教学评价上的区别　根据高等职业教育与普通高等教育在上述两个方面具有的明显区别，对二者在课堂教学评价问题上区别就容易得出答案了。从评价内容来看，普通高等教育重点放在教师对基础科学知识的传授上；高等职业教育则主要放在教师对技术知识与操作技能的传授方面。从评价过程来看，普通高等教育主要围绕教师的教学步骤展开；高等职业教育则主要围绕学生的学习环节来进行。从评价者来看，普通高等教育主要是以学科教师为主；高等职业教育则主要以岗位工作人员为主。从评价方式来看，普通高等教育主要以同行和专家评价为主；高等职业教育则主要以学生评教为主。

4. 结论

（1）高等职业技术教育和普通高等教育都是高等教育的重要组成部

分，二者只有类型的区别，没有层次的区别。因此，高等职业技术教育既是高等教育的一种类型，又是职业技术教育高层次。

（2）高等职业技术教育和普通高等教育在培养目标上有所区别。高等职业技术教育的培养目标是定位于技术型人才的培养；普通高等教育强调培养目标的学术定向性，而高等职业教育强调培养目标的职业定向性。普通高等教育培养的是理论型人才，而高等职业教育培养的是应用型人才。高等职业教育不仅需要学生掌握基本知识和理论，还需要学生提高实践能力。

（3）高等职业技术教育和普通高等教育在培养模式上有所差异。普通高等教育在人才培养模式中强调学科的“重要性”，注重理论基础的“广博性”和专业理论的“精深性”；专业设置体现“学科性”，课程内容注重“理论性”，教学过程突出“研究性”。高等职业技术教育则更为强调职业能力的“重要性”，注重理论基础的“实用性”；专业设置体现“职业性”，课程内容强调“应用性”，教学过程注重“实践性”。

（4）高等职业技术教育和普通高等教育在教学管理上有所不同。普通高等教育在教学管理中更注重稳定性、长效性和学术自主性。相对而言，高等职业技术教育则更强调教学管理的灵活性、应变性、多重协调性和目标导向性。

（5）普通高等教育需要的是基础理论扎实、学术水平高、科研能力强的教师队伍；高等职业教育需要的是既在理论讲解方面过硬，又在技艺和技能方面见长的“双师型”的教师队伍。

（6）高等职业技术教育和普通高等教育在生源、教育特色、实践能力等方面也存在一定差异。

二、我国大力发展高等职业教育

我国高等职业教育担负着培养适应社会需求的生产、管理、服务第一线应用型专门人才的使命，高等职业教育的改革发展对全国实施科教兴国战略和人才强国战略有着极为重要的意义。随着经济体制改革的不断深入和国民经济的快速发展，我国在制造业、服务业等行业的技术应用型人才紧缺的状况越来越突出，它直接影响了生产规模和产品质量，制约了产业的发展，影响了国际竞争力的增强。因此，国家十分强调要“大力发展高等职业教育”。

在过去的 10 年，我国高职教育规模得到迅猛的发展。独立设置院校数从 431 所增长到 1184 所，占普通高校总数的 61%；2008 年高职教育招生数达到 311 万人，比 1998 年增长了 6 倍，在校生近 900 万人，对高等教育进入大众化历史阶段发挥了重要的基础性作用。

2006 年 11 月 16 日，中华人民共和国教育部颁布文件《教育部关于全面提高高等职业教育教学质量的若干意见》（教高〔2006〕16 号）明确指出：高等职业教育作为高等教育发展中的一个类型，肩负着培养面向生产、建设、服务和管理第一线需要的高技能人才的使命，在我国加快推进社会主义现代化建设进程中具有不可替代的作用。同时，开始实施被称为“高职 211 工程”的“国家示范性高等职业院校建设计划”，力争到 2020 年中国大陆出现 20 所文化底蕴丰厚、办学功底扎实、具有核心发展力且被国外高等职业教育界广泛认可的世界著名高职院校；重点建设 100 所办学特色鲜明、教学质量优良在全国起引领示范作用的高职院校；重点建设 1000 个技术含量高，社会适应性强，有地方特色和行业优势的品牌专业。截至 2008 年，中华人民共和国教育部和财政部已经正式遴选出了天津职业大学、成都航空职业技术学院、深圳职业技术学院等 100 所国家示范性高等职业院校建设单位和 8 所重点培育院校。高等职业教育和高职院校进入了一个前所未有的新的发展历史时期。

《中共中央关于制定国民经济和社会发展第十二个五年规划的建议》中提到：加快教育改革发展。全面贯彻党的教育方针，保障公民依法享有受教育的权利，办好人民满意的教育。按照优先发展、育人为本、改革创新、促进公平、提高质量的要求，深化教育教学改革，推动教育事业科学发展。全面推进素质教育，遵循教育规律和学生身心发展规律，坚持德育为先、能力为重，促进学生德智体美全面发展。积极发展学前教育，巩固提高义务教育质量和水平，加快普及高中阶段教育，大力发展职业教育，全面提高高等教育质量，加快发展继续教育，支持民族教育、特殊教育发展，建设全民学习、终身学习的学习型社会。

《教育规划纲要》中也提出建立健全政府主导、行业指导、企业参与的办学机制，制定促进校企合作办学法规，推进校企合作制度化。鼓励行业组织、企业举办职业学校，鼓励委托职业学校进行职工培训。制定优惠政策，鼓励企业接收学生实习实训和教师实践，鼓励企业加大对职业教育的投入。

《国务院办公厅关于开展国家教育体制改革试点的通知》也提出改革职业教育办学模式，构建现代职业教育体系，提出了若干试点建设。其中天津分别被列入“建立健全政府主导、行业指导、企业参与的办学体制机制，创新政府、行业及社会各方分担职业教育基础能力建设机制，推进校企合作制度化”的试点城市；“开展中等职业学校专业规范化建设，加强职业学校‘双师型’教师队伍建设，探索职业教育集团化办学模式”的试点城市；“探索建立职业教育人才成长‘立交桥’，构建现代职业教育体系”的试点城市。

借助国家大力发展高等职业教育的东风，高职院校将优化资源配置、积极探索多样化的办学模式，促进教学改革和课程改革等。高职院校将有更多机会筹建各类实训基地、参与及组织各类职业技能竞赛，实现健全技能型人才培养体系，推动普通教育与职业教育相互沟通，相互借鉴，为学生提供更好的学习平台，提升学生的职业素养，与企业实现零距离接轨，更快地服务于区域经济发展。

三、专业、职业、工种、岗位的内涵

以工学结合为特色、以就业为导向、以服务为宗旨是高等职业院校的办学理念。鉴于此，学生一入校就要和企业需求紧密结合。在入学之初，及早了解专业与职业、工种及岗位之间的联系，将更有利于开展今后的学习。

1. 专业

根据《普通高等学校高职高专教育专业设置管理办法（试行）》，由教育部组织制定的《普通高等学校高职高专教育指导性专业目录》（以下简称《目录》）是国家对高职高专教育进行宏观指导的一项基本文件，是指导高等学校设置和调整专业，教育行政部门进行教育统计和人才预测等工作的重要依据，也可作为社会用人单位选择和接收毕业生的重要参考。

其所列专业是根据高职高专教育的特点，以职业岗位群或行业为主兼顾学科分类的原则进行划分的，体现了职业性与学科性的结合，并兼顾了与本科目录的衔接。专业名称采取了“宽窄并存”的做法，专业内涵体现了多样性与普遍性相结合的特点，同一名称的专业，不同地区不同院校可以且提倡有不同的侧重与特点。《目录》分设农林牧渔、交通运输、生化与药品、资源开发与测绘、材料与能源、土建、水利、制造、电子信息、环保气象与安全、轻纺食品、财经、医药卫生、旅游、公共事业、文化教育、艺术设计传媒、公安、法律等。

2. 职业

职业是参与社会分工，利用专门的知识和技能，为社会创造物质财富和精神财富，获取合理报酬，作为物质生活来源，并满足精神需求的工作。我国职业分类，根据我国不同部门公布的标准分类，主要有两种类型。

第一种：根据国家统计局、国家标准总局、国务院人口普查办公室1982年3月公布，供第三次全国人口普查使用的《职业分类标准》。该标准依据在业人口所从事的工作性质的同一性进行分类，将全国范围内的职业划分为大类、中类、小类三层，即8大类、64中类、301小类。其8个大类的排列顺序是：第一，各类专业、技术人员；第二，国家机关、党群组织、企事业单位的负责人；第三，办事人员和有关人员；第四，商业工作人员；第五，服务性工作人员；第六，农林牧渔劳动者；第七，生产工作、运输工作和部分体力劳动者；第八，不便分类的其他劳动者。在八个大类中，第一、二大类主要是脑力劳动者，第三大类包括部分脑力劳动者和部分体力劳动者，第四、五、六、七大类主要是体力劳动者，第八类是不便分类的其他劳动者。

第二种：国家发展计划委员会、国家经济委员会、国家统计局、国家标准局批准，于1984年发布，并于1985年实施的《国民经济行业分类和代码》。这项标准主要按企业、事业单位、机关团体和个体从业人员所从事的生产或其他社会经济活动的性质的同一性分类，即按其所属行业分类，将国民经济行业划分为门类、大类、中类、小类四级。门类共 13 个：①农、林、牧、渔、水利业；②工业；③地质普查和勘探业；④建筑业；⑤交通运输业、邮电通信业；⑥商业、公共饮食业、物资供应和仓储业；⑦房地产管理、公用事业、居民服务和咨询服务业；⑧卫生、体育和社会福利事业；⑨教育、文化艺术和广播电视业；⑩科学研究和综合技术服务业；⑪金融、保险业；⑫国家机关、党政机关和社会团体；⑬其他行业。这两种分类方法符合我国国情，简明扼要，具有实用性，也符合我国的职业现状。

（1）职业资格　职业资格是对从事某一职业所必备的学识、技术和能力的基本要求。

职业资格包括从业资格和执业资格。从业资格是指从事某一专业（职业）学识、技术和能力的起点标准。执业资格是指政府对某些责任较大，社会通用性强，关系公共利益的专业（职业）实行准入控制，是依法独立开业或从事某一特定专业（职业）学识、技术和能力的必备标准。

（2）职业证书　职业资格证书是劳动就业制度的一项重要内容，也是一种特殊形式的国家考试制度。它是指按照国家制定的职业技能标准或任职资格条件，通过政府认定的考核鉴定机构，对劳动者的技能水平或职业资格进行客观公正、科学规范的评价和鉴定，对合格者授予相应的国家职业资格证书。

《劳动法》第八章第六十九条规定：国家确定职业分类，对规定的职业制定职业技能标准，实行职业资格证书制度，由经过政府批准的考核鉴定机构负责对劳动者实施职业技能考核鉴定。

《职业教育法》第一章第八条明确指出：实施职业教育应当根据实际需要，同国家制定的职业分类和职业等级标准相适应，实行学历文凭、培训证书和职业资格证书制度。

这些法律条款确定了国家推行职业资格证书制度和开展职业技能鉴定的法律依据。

(3) 职业资格等级证书等级　我国职业资格证书分为五个等级：初级工（五级）、中级工（四级）、高级工（三级）、技师（二级）和高级技师（一级）。

3. 工种

工种是根据劳动管理的需要，按照生产劳动的性质、工艺技术的特征或者服务活动的特点而划分的工作种类。

目前大多数工种是以企业的专业分工和劳动组织的基本状况为依据，从企业生产技术和劳动管理的普遍水平出发，为适应合理组织劳动分工的需要，根据工作岗位的稳定程度和工作量的饱满程度，结合技术发展和劳动组织改善等方面的因素进行划分的。

如《医药特有工种职业（工种）目录》涉及化学合成制药工工种 47 种，生化药品制造工的生化药品提取工、发酵工程制药工、微生物发酵工等 6 种，药物制剂工工种 31 种，药物检验工工种 7 种，实验动物饲养工、药理实验动物饲养工、医药商品（含医疗器械）储运员工种 5 种，淀粉葡萄糖制造工工种 12 种。

4. 岗位

岗位，是组织为完成某项任务而确立的，由工种、职务、职称和等级内容组成。岗位职责指一个岗位所要求的需要去完成的工作内容以及应当承担的责任范围。

药事管理涉及药品注册、研究开发、生产、经营、流通、使用、价格、广告等方面，意味着在相应方面均有基层工作和管理、监督检查人员。每一环节均有其对应的岗位及岗位职责。

总体来看，选择学习哪一专业，就意味着今后进入哪一行业，从事何种职业的机会更大一些。要积极面对专业课程的学习，同时寻求拓展专业知识的机会，有条件的基础上，可以自学其他专业的课程，增加自己的职场竞争力。

四、高等职业教育实行双证书制度

所谓双证书制度是指高职院校毕业生在完成专业学历教育获得毕业文

凭的同时，必须参与其专业相衔接的国家就业准入资格考试并获得相应的职业资格证书。即高等职业院校的毕业生应取得学历和技术等级或职业资格两种证书的制度。

高职学历证书与职业资格证书既有紧密联系，又有明显区别。高职学历教育与职业资格证书制度的根本方向和主要目的具有一致性，都是为了促进从业人员职业能力的提高，有效地促进有劳动能力的公民实现就业和再就业，二者都以职业活动的需要作为基本依据。但是，二者又不能相互等同、相互取代。职业资格标准的确定仅以社会职业需要为依据，是关于“事”的标准，主要是为了维护用人单位的利益和社会公共利益。学历教育与职业资格的考核方式也存在明显不同。职业资格鉴定只是一种终结性的考核评价，而学历教育既注重毕业时和课程结束时的终结性考核评价，更注重学习过程中的发展性评价。为了达到教育目标，学历教育可以采用标准参照，也可以采用常模参照，而职业资格鉴定仅采用标准参照。此外，职业资格鉴定要规定从业者的工作经历，而毕业证书的发放则要规定学习者的学习经历。

双证书制度是在高等职业教育改革形势下应运而生的一种新的制度设计，是对传统高职教育的规范和调整。实行双证书制度是国家教育法规的要求，是人才市场的要求，也是高等职业教育自身的特性和社会的需要。

1. 实行双证书制度是国家教育法规的要求

几年来国家在许多法规和政策性文件中提出了实行双证书制度的要求。1996 年颁布的《中华人民共和国职业教育法》规定：实施职业教育应当根据实际需要，同国家制定的职业分类和职业等级标准相适应，实行学历证书、培训证书和职业资格证书制度。并明确指出：学历证书、培训证书按照国家有关规定，作为职业学校、职业培训机构的毕业生、结业生从业的凭证。1998 年国家教委、国家经贸委、劳动部《关于实施〈职业教育法〉加快发展职业教育的若干意见》中详细说明：要逐步推行学历证书或培训证书和职业资格证书两种证书制度。接受职业学校教育的学生，经所在学校考试合格，按照国家有关规定，发给学历证书；接受职业培训的学生，经所在职业培训机构或职业学校考核合格，按照国家有关规定，发给培训证书。对职业学校或职业培训机构的毕（结）业生，要按照国家制定的职业分类和职业等级、职业技能标准，开展职业技能考核鉴定，考核合格的，按照国家有关规定，发给职业资格证书。学历证书、培训证书和职业资格证书作为从事相应职业的凭证。《教育规划纲要》提到要增强职业教育吸引力，完善职业教育支持政策。积极推进学历证书和职业资格证书双证书制度，推进职业学校专业课程内容和职业标准相衔接。完善就业准入制度，执行“先培训、后就业”、“先培训、后上岗”的规定。

以上这些，为实行双证书制度提供了法律依据和政策保证。

2. 实行双证书制度是社会人才市场的要求

随着社会主义市场经济的发展，社会人才市场对从业人员素质的要求越来越高，特别是对高级实用型人才的需求更讲究“适用”、“效率”和“效益”，要求应职人员职业能力强，上岗快。这就要求高等职业院校的毕业生，在校期间就要完成上岗前的职业训练，具有独立从事某种职业岗位工作的职业能力。双证书制度正是为此目的而探索的教育模式，职业资格证书是高职毕业生职业能力的证明，谁持有的职业资格证书多，谁的从业选择性就大，就业机会就多。

3. 实行双证书制度是高职教育自身的特性

高等职业教育是培养面向基层生产、服务和管理第一线的高级实用型人才。双证书是实用型人才的知识、技能、能力和素质的体现和证明，特别是技术等级证书或职业资格证书是高等职业院校毕业生能够直接从事某种职业岗位的凭证。因此，实行双证书制度是高等职业教育自身的特性和实现培养目标的要求。

高等职业教育实行双证书制度主旨在于提高高职院校学生的就业竞争力，确保学生毕业后能够学有所有，大力服务于企业发展及社会主义经济建设。

五、高职毕业生，职场上的“香饽饽”

1. 全国就业整体形势

《国务院关于批转促进就业规划（2011～2015 年）的通知》中对“十

二五”时期面临的就业形势做出明确阐述：“十二五”时期，我国就业形势将更加复杂，就业总量压力将继续加大，劳动者技能与岗位需求不相适应、劳动力供给与企业用工需求不相匹配的结构性矛盾将更加突出，就业任务更加繁重。

2. 政策措施

（1）促进以创业带动就业 健全创业培训体系，鼓励高等和中等职业学校开设创业培训课程。健全创业服务体系，为创业者提供项目信息、政策咨询、开业指导、融资服务、人力资源服务、跟踪扶持，鼓励有条件的地方建设一批示范性的创业孵化基地。

（2）统筹做好城乡、重点群体就业工作 要切实做好高校毕业生和其他青年群体的就业工作。

一方面继续把高校毕业生就业放在就业工作的首位，积极拓展高校毕业生就业领域，鼓励中小企业吸纳高校毕业生就业。鼓励引导高校毕业生面向城乡基层、中西部地区，以及民族地区、贫困地区和艰苦边远地区就业，落实各项扶持政策。

另一方面，鼓励高校毕业生自主创业，支持高校毕业生参加就业见习和职业培训。

3. 大力培养急需紧缺人才

“十二五规划”提出教育和人才工作发展任务创新驱动实施科教兴国和人才强国战略。其中提到促进各类人才队伍协调发展。涉及大力开发装备制造、生物技术、新材料、航空航天、国际商务、能源资源、农业科技等经济领域和教育、文化、政法、医药卫生等社会领域急需紧缺专门人才，统筹推进党政、企业经营管理、专业技术、高技能、农村实用、社会工作等各类人才队伍建设，实现人才数量充足、结构合理、整体素质和创新能力显著提升，满足经济社会发展对人才的多样化需求。

4. 高职生就业现状

在政策扶持下，高职高专院校毕业生就业率连年攀升。经过多年的发展，秉持着以就业为导向的办学目标，目前国内不少高职高专院校终于百炼成钢，摸准了市场的脉搏，按照市场需求培养的学生成了就业市场上的

“香饽饽”。

高职院校就业率高的主要原因在于培养的人才“适销对路”，职业能力强、专业对口人才紧缺、订单式培养是高职毕业生就业率走高的根本原因。各高职学院积极地与企业合作，根据市场需求进行课程开发；通过校企合作，企业把车间搬到学院，或者学生到企业以场中校的形式，把学生的实践环节做足做实，真正与就业零距离接触。再者现在越来越多的用人单位讲究人才的优化配置，做到人岗匹配，对某些岗位来说，录用高职生比录用本科生可以花费更少的薪酬及培训成本，却能获得更好的用人效果。

很多高职学生通过在校期间参加各类实训、工学交替、订单培养班及技能大赛等，练就了一身本领，拿到了相关的职业资格证书，掌握了企业急需的专业技能，这些磨砺使企业看到了他们的价值，帮助他们确立了在企业中的工作岗位，有些甚至成为用人单位后备人才培养对象。

社会经济发展趋势及企业对技能型人才的需求越旺盛，高职毕业生的优势就越来越凸现，有些高职毕业生还没有毕业就被用人单位提前预订一空，有些在学期间就能拿着比不少本科毕业生还要高的薪水。

当然，高职毕业生不应满足于眼前的高就业率，更应为个人今后长期的职业发展做出更好的规划，要不断提升个人学历层次或技能水平，以满足不断变化的市场需求，使自己长期处于优势地位。

模块二　学技能，就业有实力

任务一　学技能，三年早知道

同学们选择了化学制药技术这个专业，对这个专业了解多少呢？选择这个专业是你一时兴起，还是经过了深思熟虑呢？接下来的三年时间，你将如何度过呢？阅读以下内容也许你会有所收获。

首先要对这个专业以及今后所要学的课程有所认识与了解。应该初步了解一下毕业后的就业方向与就业岗位，这些岗位对自身有哪些知识与能力的要求？本专业将要学习哪些课程？从这些课程中我们要学到什么？通过学习会有哪些方面得到提高？这些课程之间是怎样的一种内在联系？各门课程都需要哪些知识作为基础？以便做到目标明确，有的放矢。

其次要对自己有一个全面的认识与了解。要问问自己我来这儿的目的是什么？三年后，从这里走出去之后我又打算做什么？是就业还是继续深造？如果就业，我需要做好哪些准备，应该储备怎样的知识？应该具备怎样的能力？如果继续深造，我计划选择怎样的深造方式？我又该做怎样的准备？如何兼顾好现有的学习和为今后所做的铺垫呢？对于将要学习的课程，我的现有基础如何？够用吗？如果不够用，应该采取哪些措施来提高以适应现有的学习？

一、化学制药技术专业概况

化学制药技术专业的专业代码是530303，在高等职业教育专业分类中属于生化与药品大类中的制药技术类。

1. 国内本专业开办情况

2012 年化学制药技术专业在全国范围内共有 45 所高职院校有招生资格，见表 2－1。

表 2－1　国内开办化学制药技术专业的高职院校

序号	高职院校	序号	高职院校
1	白城职业技术学院	24	淄博职业学院
2	常州工程职业技术学院	25	沧州职业技术学院
3	贵州工业职业技术学院	26	广东食品药品职业学院
4	河北化工医药职业技术学院	27	邯郸学院
5	贺州学院	28	河南化工职业学院
6	湖南化工职业技术学院	29	黑龙江民族职业学院
7	黄冈科技职业学院	30	淮南联合大学
8	江西应用技术职业学院	31	江苏食品职业技术学院
9	荆州理工职业学院	32	金华职业技术学院
10	连云港师范高等专科学校	33	九江学院
11	内江师范学院	34	连云港职业技术学院
12	盘锦职业技术学院	35	内蒙古化工职业学院
13	衢州学院	36	齐鲁师范学院
14	陕西国防工业职业技术学院	37	山东药品食品职业学院
15	石家庄科技信息职业学院	38	沈阳药科大学
16	石家庄职业技术学院	39	石家庄财经职业学院
17	泰山医学院	40	太原科技大学
18	天津生物工程职业技术学院	41	天津渤海职业技术学院
19	襄阳职业技术学院（原襄樊职业技术学院）	42	徐州工业职业技术学院
20	延边职业技术学院	43	扬州工业职业技术学院
21	盐城纺织职业技术学院	44	镇江高等专科学校
22	浙江医药高等专科学校	45	重庆第二师范学院（原重庆教育学院）
23	中国药科大学		

注：根据 2012 年高职高专专业设置查询平台数据整理。

白城职业技术学院开办的化学制药技术专业主要培养具有生物制药工程理论知识，能在医药、精细化工和生物化工等领域进行科研开发，从事产品的生产、检测、分析和管理的实用型技能人才。就业方向为从事生物制药研发；制药行业的生产、检验、管理和营销工作。

荆州理工职业学院开办的化学制药技术专业以湖北省制药支柱产业技能型人才需求作为专业建设的出发点和落脚点，与多家企业开展实质性合作办学，形成工学结合、实境育人的人才培养模式。

衢州学院化学制药技术专业的毕业生可在医药、化工或贸易等企事业单位从事产品生产、检验、开发、管理、营销等工作。近年来的主要就业单位包括海正制药、华海制药、民生制药、浙江医药、海王星辰、中国石化、宁波万华等医药和化工企业。

淄博职业学院开办的化学制药技术专业，面向并依托淄博市及周边地区医药及化工行业企业，培养德、智、体、美等方面全面发展的高素质技能型人才。与山东新华制药集团、齐鲁制药有限公司、山东鲁南制药集团、山东鲁抗制药有限公司等医药企业联合办学，为学生毕业后的就业打下良好基础。

淮南联合大学开办的化学制药技术专业以国药集团国瑞药业有限公司、丰原药业集团有限公司、安徽山河药用辅料有限公司、扬子江药业集团有限公司、北京海燕药业有限公司、浙江华海药业股份有限公司、安徽华源制药有限公司、安徽东盛友邦制药有限公司等医药企业发展为依托，以培养在药品生产、检验、流通、使用和研究与开发领域从事药品生产、检验、营销管理及新药研究开发等方面工作的技能型和应用型高级技术人才为目的。

天津生物工程职业技术学院开办的化学制药技术专业是依据我国生物医药快速发展的现状，特别是满足天津市及滨海新区“十二五”规划纲要中提出的，重点发展八大支柱产业之一的生物医药产业的区域经济发展需要，主要为天津及周边地区培养面向化学制药生产企业，从事化学制药生产工艺操作、原材料及产品质量监测、生产技术管理、药品营销、药事管理等工作的高素质技能型人才。本专业为天津市紧缺人才培养专业，面向全国招生，学制三年。

2. 专业培养目标

化学制药技术专业培养的是拥护党的基本路线，德智体美全面发展，掌握化学制药技术专业所必需的基础理论知识和基本实践操作技能，具有良好的职业素质和文化修养，面向药学行业，从事化学药物生产及化工产品生产、管理等工作所需的高素质技能型专门人才。

3. 人才培养规格

化学制药技术专业人才培养的规格如下。

（1）基本素质

①政治思想素质　热爱社会主义祖国，拥护党的基本路线，树立科学的世界观、人生观、价值观和较强法制观念，具有良好的道德品质，事业心、责任心强。

②身体心理素质　具有健康的体魄、健康的心理和坚定的意志品质。无传染病和精神病。注意加强身体锻炼，具有一定的心理健康知识和一定的自我心理调节能力，乐观积极，具有一定的抗压能力，对挫折和失败具有一定的承受能力。

③职业道德素质　具有良好的职业道德修养和职业素养，遵纪守法，树立“质量为本，真诚守信”的从业理念，对本岗工作认真负责、爱岗敬业，按标准操作规程的要求进行化学药品的生产和操作。态度严谨，实事求是；刻苦钻研，努力创新；热爱集体，团结协作；节约资源，爱护环境，安全生产。

④科学文化素质　具备一定的科学认知能力和认知方法，具备踏实务实、实事求是、勇于实践的工作作风；自强、自信、自立、自爱；有正确的审美观，衣着修饰符合大学生这一群体特征，谈吐大方、举止得体，有较高的文化修养。

（2）知识要求

①基础知识

a. 公共基础知识：计算机应用基础、英语、人文社科等公共基础知识；

b. 行业基础知识：医药职业道德与就业指导、医药行业安全规范、医药行业卫生学基础、医药行业法律与法规等行业基础知识。

②专业基础知识　专业基础化学（含实验）、药用有机化学（含实验）、药物化学（含实验）、制药识图（含实践）、化工生产过程安全技术、机电一体化技术（含实践）等基本理论和知识。

③专业核心知识　化学制药技术、制药设备基础、制药单元操作技术等基本理论和知识。

④专业发展知识　制药车间设计及CAD制图技术、专业英语、药学信息检索技术、企业质量管理体系、药品生产组织与管理、生产设施设备操作与维护的基本理论和知识。

⑤专业拓展知识　药物分析技术、药物制剂技术、发酵工艺技术、药品市场营销、实用医药商品知识。

（3）能力要求

①计算机应用能力　能熟练使用相关专业软件，能熟练地在因特网上检索、浏览信息，下载文件，收发电子邮件。

②英语应用能力　可借助工具书阅读专业英文资料及技术说明书；有一定的英语口语表达能力。

③语言文字表达能力　具有良好的口头语言表达能力，做到准确、简明、有条理、有层次、有说服力，能够顺畅、恰当地使用语言与他人交流；具有一定的书面表达能力，能够有效运用信息撰写较为规范的常用应用文，如调查报告、工作计划、工作总结及研究性论文等。

④信息处理能力　能够制定调研计划、拟定调研提纲、规划调研步骤；准确收集相关技术信息，确定应用范围；对获取的相关信息，进行整理、分析和归纳。

⑤自我完善能力　具有主动自我反省、自我改变、自我改进和自我弥补的能力。通过确定符合实际的个人发展方向，制定切实可行的发展规划，有效安排、利用时间完成阶段性学习计划、工作任务，不断获得新知识、新技能来适应新的环境，从而实现不断战胜自我、超越自我的能力。

⑥岗位核心能力　具有化学原料药生产时所需的检查、确认、物料的

准备与预处理，控制化学合成反应，分离提取粗品、精制干燥、混粉、包装等操作技能和生产设施、设备的使用与保养技能，以及化工安全生产的相关技能。

4. 职业资格证书

化学制药技术专业注重学生职业能力的培养，实行双证书制度，要求学生在学期间选择考取对其就业有实际促进作用的职业资格证书（中级、高级），使学生毕业时“手握两证”，即高职学历证书 + 职业资格证书。依照国家职业分类标准，学生应至少获得其中一种职业资格证书，方能毕业，具体参见表 2 - 2。

表 2 - 2　部分职业资格证书

序号	职业资格证书名称	等级要求
1	医药商品购销员	中级、高级
2	有机合成工	中级、高级
3	化学检验工	中级、高级

本专业在教学过程中应将岗位技能培训与考核的内容融于日常的教学中，第五、六学期分别进行中、高级工的考核。理论知识考试采用闭卷笔试或口试方式，技能操作考核采用现场实际操作方式；顶岗实习报告（论文）采用审评方式。考试成绩均实行百分制，成绩达 60 分为合格。

取得证书方式：由国家劳动部统一颁发。

5. 双带头人制度

为了更好地满足用人单位对本专业毕业生的需求，有效解决人才培养与用人需求对接、专业与产业对接、课程与岗位对接问题，提高专业建设的自觉性、科学性，本专业实行双带头人制度。

除配备校内专职教师担任专业带头人外，另聘请 1 名企业专家担任专业带头人。本企业带头人负责对专业建设和发展提供决策咨询、全程参与专业的申报、备案和专业建设和教学改革过程，包括课程体系的构建，课程设置、教材建设以及校内实训基地的建设指导，校外实训基地的建设等。同时，本专业还从与学院合作紧密的行业、企业聘请了生产一线技术和管理人员作为兼职教师，来我校开设讲座、承担实践技能课程和一部分选修课程、担任学生校外实习指导老师，充实了教学队伍，一方面很好地满足了本专业的教学需要，另一方面与校内专业带头人共同进行专业建设与管理，深入推进教改。

二、岗位能力分析与课程体系

1. 岗位能力分析

化学制药技术专业教师深入企业生产一线，与企业专业带头人、专家、技术人员一起对本专业对应的岗位群的典型工作任务和核心能力要求进行了总结、归纳和整理，并引入行业的技术标准与规范（《中华人民共和国工人技术等级标准（医药行业）》），进行了职业岗位（群）典型任务与核心要求的分析，见表2－3，图2－1。

表2－3 化学制药技术专业能力汇总分析表（工作岗位方向）

工作项目（6）	工作任务（33）	职业能力（188）
1. 检查、确认、物料的准备与预处理	1－1 设备、设施检查和清场确认	1－1－1～1－1－15
	1－2 物料领用、暂存和预处理	1－2－1～1－2－7
	1－3 文件检查	1－3－1～1－3 3
	1－4 安全防护	1－4－1～1－4－9
2. 化学合成	2－1 正确复核、准确计量	2－1－1～2－1－9
	2－2 配料	2－2－1～2－2－2
	2－3 投料	2－3－1～2－3－6
	2－4 控制反应过程	2－4－1～2－4－22
	2－5 填写生产记录	2－5－1
	2－6 结束清场	2－6－1～2－6－8

续表

工作项目（6）	工作任务（33）	职业能力（188）
3. 分离、提取、干燥	3－1 控制沉淀、萃取、蒸发、离子交换、蒸馏、过滤、吸收、吸附、膜分离等分离提取过程	3－1－1～3－1－8
	3－2 操作分离、干燥设备	3－2－1～3－2－11
	3－3 对半成品、粗品请验	3－3－1～3－3－3
	3－4 填写生产记录	3－4－1
	3－5 结束清场	3－5－1～3－5－7
4. 精制、干燥	4－1 准备工作	4－1－1～4－1－7
	4－2 溶解	4－2－1～4－2－5
	4－3 结晶、干燥	4－3－1～4－3－9
	4－4 母液蒸馏回收	4－4－1～4－4－6
	4－5 填写生产记录	4－5－1
	4－6 结束清场	4－6－1～4－6－6
5. 混粉	5－1 准备工作	5－1－1～5－1－5
	5－2 粉碎	5－2－1～5－2－2
	5－3 混合	5－3－1～5－3－5
	5－4 填写生产记录	5－4－1
	5－5 结束清场	5－5－1～5－5－4
6. 包装	6－1 准备工作	6－1－1～6－1－8
	6－2 内包装	6－2－1～6－2－4
	6－3 外包装	6－3－1～6－3－4
	6－4 入库	6－4－1～6－4－1
	6－5 物料结料、退料	6－5－1～6－5－2
	6－6 填写生产记录	6－6－1
	6－7 结束清场	6－7－1～6－7－5

2. 人才培养模式

化学制药技术专业凭借学院行业办学优势，与行业企业建立了深厚的合作关系，与一批有行业影响力的企业紧密合作，坚持育人为本，德育为先原则，形成了“就业导向，校企共育，学做融合，无缝对接”的工学结合人才培养模式。依托现有校企合作平台，促进校企共同建设专业，企业全面参与人才培养的全过程。从专业人才需求分析到专业设置优化、人才培养方案制定、课程开发、教材编写；从双师结构教学团队和实训基地建设，到课程的讲授与实训等教学任务的完成、课程考核、教学质量评价、学生技能（设计、作品）竞赛、就业指导等，企业人员都全程参与并充分发挥其优势。

本专业在专业建设和课程设置上强调以就业岗位任务为导向、以工作过程为中心，注重学生职业素质的养成和职业能力的培养。将企业岗位需求融入专业培养方案，将职业技能标准融入课程及实践教学中。在人才培养过程中实行“双主体”人才培养模式，学生分阶段在学校和企业交互学习，校内课程学习和校外企业实训交替轮换，将职业素养教育贯穿始终，并在校外实训中充分践行。

深化校企合作，进一步加大订单式培养，强化实践性环节，校内成绩考核与企业实践考核相结合。与企业共同实施“项目化教学”、“工学交替”等教学模式，共同进行教学质量考核与评价。通过校企合作及校内外实习实训平台，将学生的课程理论学习、专业技能训练和在企业工作的职业综合能力训练有机结合起来。努力实现人才培养与用人需求、专业与产业、课程与岗位、教材与技能的无缝零对接。

通过课程标准与职业标准、教学过程与生产过程、校园文化与企业文化有效衔接，理论与实践、知识传授与技能训练、校内学习与企业锻炼交互进行，学历证书与职业资格证书有机融合，促进学生的专业能力、创新创业能力、职业能力和社会能力的不断提升，进而成为具有化学制药技术专业基础理论知识和基本实践操作技能，具有良好的职业素质和文化修养，能够从事化学药物生产、管理等工作的高素质技能型专门人才。

3. 课程体系

依据区域经济和企业发展岗位需求，围绕高素质技能型人才培养目标，综合考虑学生基本素质、职业能力与可持续发展能力培养，参照职业岗位任职要求，将职业素养培养贯穿于教学过程的始终，设置基于化学制药生产工作过程的课程体系（图 2-1）。

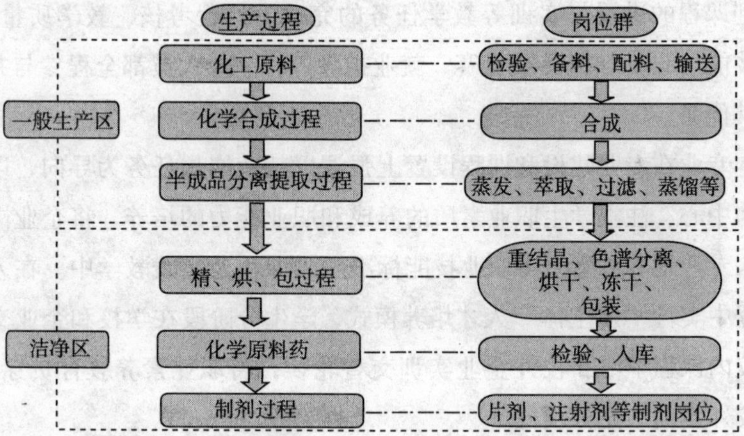

图2－1　化学制药技术专业主要的岗位群

化学制药技术专业所学课程主要分为必修课程与选修课程两部分，必修课包括公共基础、专业技术和技能训练三个模块，选修课程包括学院统一的人文素养模块、专业发展模块和专业拓展模块。其中公共基础模块包括学院公共基础课程和行业公共基础课程两部分，专业技术模块包括专业基础技术课程和专业核心技术课程两部分，技能训练模块包括岗位综合实训和顶岗实习两部分。具体课程体系框架及主要课程间相互关系见图2－2。

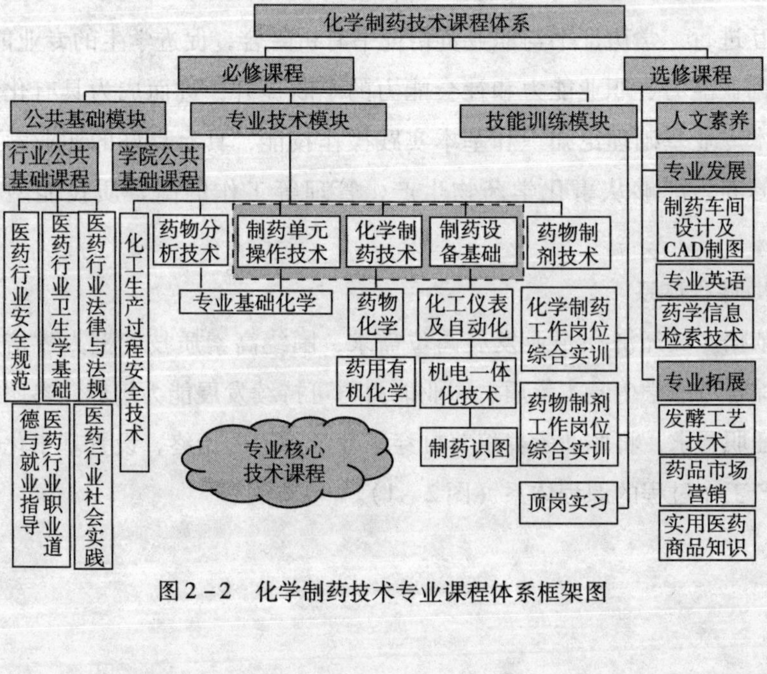

图2－2　化学制药技术专业课程体系框架图

化学制药技术专业课程体系结构如表2－4所示。

表2－4　课程体系结构表

类型		序号	相关课程	备注
必修课程	公共基础课程	1	入学教育	部分课程参照教育部有关文件执行
		2	专业入门教育	
		3	军训	
		4	大学生心理健康	
		5	思想道德修养与法律基础	
		6	毛泽东思想与中国特色社会主义体系概论	
		7	形势与政策	
		8	英语	
		9	计算机应用基础	
		10	体育	
		11	医药行业职业道德与就业指导	
		12	医药行业社会实践	
		13	医药行业安全规范	
		14	医药行业卫生学基础	
		15	医药行业法律与法规	
	专业基础课程	16	专业基础化学	根据实际情况，一部分课程可在企业完成
		17	药用有机化学	
		18	药物化学	
		19	制药识图	
		20	化工生产过程安全技术	
		21	机电一体化	
		22	化工仪表及自动化	
		23	药物分析技术	
		24	药物制剂技术	

续表

类型		序号	相关课程	备注
必修课程	专业核心课程	25	化学制药技术	根据实际情况，一部分课程可在校外实训基地完成
		26	制药设备基础	
		27	制药单元操作技术	
	技能训练课程	28	化学制药技术岗位综合实训	在企业完成
		29	药物制剂技术岗位综合实训	
		30	顶岗实习	
选修课程		31	大学生礼仪	
		32	艺术欣赏	
		33	应用文写作	
		34	制药车间设计及 CAD 制图	
		35	专业英语	
		36	药学信息检索技术	
		37	发酵工艺技术	
		38	药品市场营销	
		39	实用医药商品知识	

三、学期安排、课程学习与技能提高

1. 学期安排

（1）第一、二学期　第一学年的课程主要集中在公共基础模块课程和部分专业核心基础课程学习。

公共基础课程又分为学院公共基础课程和行业公共基础课程。专业基础课程以“必需、够用”为度，以基本技能培养为目的，通过学习使学生具备较强学习能力和接受新技术的能力。同时依托校内外实训基地，通过企业认知实习和教师、企业人员的实地讲解，让学生对今后的学习、实训环境以及毕业后的职场环境有一个直观的认识与了解，明确发展、努力方向，做到有的放矢，为大学阶段的学习生活打一个较好的基础。

学院公共基础课程主要有：入学教育、专业入门教育、军训、大学生心理健康、思想道德修养与法律基础、毛泽东思想与中国特色社会主义体系概论、形势与政策、英语、计算机应用基础、体育。学院公共基础课程的设置主要是培养大学生的基本素质，提高认识水平。

行业公共基础课程主要有：医药行业安全规范、医药行业卫生学基础、医药行业法律与法规。通过这些课程的学习，使学生掌握进入本行业应该具备的基本职业知识、能力和职业素养。

专业核心基础课程在第一学期会开设专业基础化学、制药识图，第二学期会开设药用有机化学和机电一体化。

（2）第三、四学期　第二学年主要完成专业技术模块课程的学习。

采校内实训与校外实训相结合、校内一体化教室和校外实训基地相结合、校外实训和校内学做一体分阶段交替进行的方式。

专业技术模块课程包括其余的专业核心基础课程和全部专业核心技术课程。另外的专业核心基础课程包括：药物化学、化工生产过程安全技术、药物分析技术、药物制剂技术、化工仪表及自动化。专业核心技术课程包括：制药单元操作技术、化学制药技术、制药设备基础。

（3）第五、六学期　第三学年主要完成技能训练模块课程的学习。

主要包括岗位综合实训和顶岗实习。通过综合实训课程的学习，顶岗实习与就业岗位相结合，在对口岗位强化对化学制药技术岗位能力及药物制剂技术岗位能力的培养，实现专业教学与企业生产融合。企业技术骨干参与人才培养过程，学校老师和企业工程技术人员对学生共同指导、管理和考核，将爱岗敬业、诚实守信等职业道德与素质教育融入人才培养过程。使学生真实地经历企业生产，感受企业文化，体验企业制度，为毕业进入企业工作和生活做好充分的心理准备和技术、技能储备。

2. 主要课程简介

（1）公共基础模块——学院公共基础课程

①军训　新生入学即开展军训，军训的过程就是培养学生热爱祖国、建设祖国、保卫祖国，以其吃苦耐劳的坚强意志和品质，献身于我国社会主义事业的教育过程。通过训练，培养学生自强、热情、团结的意识；强化学生的组织纪律观念，倡导团结精神；通过检查评比和观摩活动，激励

竞争意识。

②专业入门　本课程教学内容分为四个模块：准备好，现在就出发；学技能，就业有实力；行业好，发展有潜力；素质强，创业有能力。通过本课程的学习，使学生对本专业相关行业背景及发展和职业的岗位职责、工作要求、就业前景、发展空间及所应具备的条件等有详尽的认识和实际分析；指导学生进行职业生涯设计、职业选择的评估；使学生对未来三年的人才培养方案和所要学习的课程及实训安排有初步的认识和计划。

③大学生心理健康　本课程以邓小平理论、“三个代表”重要思想为指导，深入贯彻落实科学发展观，坚持心理和谐的教育理念，对学生进行心理健康的基本知识、方法和意识的教育。其任务是提高全体学生的心理素质，帮助学生正确认识和处理成长、学习、生活和求职就业中遇到的心理行为问题，促进其身心全面和谐发展。帮助学生了解心理健康的基本知识，树立心理健康意识，掌握心理调适的方法。指导学生正确处理各种人际关系，学会合作与竞争，培养职业兴趣，提高应对挫折、求职就业、适应社会的能力。正确认识自我，学会有效学习，确立符合自身发展的积极生活目标，培养责任感、义务感和创新精神，养成自信、自律、敬业、乐群的心理品质，提高全体学生的心理健康水平和职业心理素质。

④思想道德修养与法律基础　本课程是高校思想政治理论课的必修课程。该课程从当代大学生面临和关心的实际问题出发，以正确的人生观、价值观、道德观和法制观教育为主线，通过理论学习和实践体验，帮助大学生形成崇高的理想信念，弘扬伟大的爱国主义精神，确立正确的人生观和价值观，牢固树立社会主义荣辱观，培养良好的思想道德素质和法律素质，进一步提高分辨是非、善恶、美丑和加强自我修养的能力，为逐渐成为德智体美全面发展的社会主义事业的合格建设者和可靠接班人，打下扎实的思想道德和法律基础。

⑤毛泽东思想和中国特色社会主义理论体系概论　本课程是高校大学生必修的马克思主义理论课程。课程比较系统地论述了毛泽东思想、邓小平理论、“三个代表”重要思想和科学发展观的科学内涵、形成发展过程、科学体系、历史地位、指导意义、基本观点以及中国特色社会主义建设的

路线、方针、政策。本课程的主要任务是通过学习，让当代大学生理解毛泽东思想和中国特色社会主义理论体系的基本知识与基本理论，树立建设中国特色社会主义的坚定信念，培养运用马克思主义的立场、观点、和方法分析和解决问题的能力，增强在中国共产党领导下全面建设小康社会、加快推进社会主义现代化的自觉性和坚定性；引导大学生正确认识肩负的历史使命，努力成为德智体美全面发展的中国特色社会主义事业的建设者和接班人。

⑥形势与政策　本课程以邓小平理论和“三个代表”重要思想为指导，全面贯彻落实科学发展观，构建社会主义和谐社会的指导思想，紧密结合国内外政治经济形势的发展变化，结合大学生思想实际，针对国内外重大热点问题，进行引导教育，以期帮助大学生进一步树立正确的形势观、政策观、荣辱观，增强社会责任感和使命感，坚定在中国共产党领导下走中国特色社会主义道路的信心和决心，积极投身改革开放和现代化建设伟大事业。

⑦英语　本课程是一门公共英语课程，注重语言基本技能的训练与培养学生使用能力相结合，使二者融为一体，并贯彻始终。听、说、读、写技能的培养有分有合，突出综合训练，做到“学为了用，学用结合”，把握“应用与应试”结合，“以应用为目的，实用为主，够用为度”的教学方向。

本课程教学内容以实用英语为基础，培养学生实际应用能力。使学生做到：“听”懂对话及短文，并能完成对应练习；“说”出简单的与日常生活相关的话题；“读”懂篇幅适中的文章，在理解的基础上完成相关的练习；“写”出实用性作文，尽量避免语法错误，用词恰当；掌握相关的语法知识；通过高等学校英语应用能力B级考试。

⑧计算机应用基础　本课程教学内容包括计算机基础知识、操作系统、汉字输入方法、中文Word的使用、中文Excel的使用、中文PowerPoint的使用、计算机网络与Internet、计算机外部设备、常用工具软件。

通过本课程的教学，不仅让学生掌握计算机的基础知识，而且初步具有利用计算机分析问题、解决问题的意识与能力，提高学生的计算机素质，为将来应用计算机知识和技能解决专业实际问题打下基础；通过天津市高等职业教育计算机应用能力等级考试一级。

⑨体育　本课程打破以竞技运动为内容、以身体素质和技能达标为目标的传统体育教学体系，确立了以终身体育意识和运动技能为内容、以学生身心健康为目标的新型体育教学体系，改变了单一课堂教学的狭隘模式，构建了集课堂教学、课外锻炼、运动训练为一体的课内外一体化的课程教学新模式。教学方法也突破了长年沿袭的重视竞技运动技能教学的形式，转向根据普通大学生的身心特点和终身体育需求进行教学，创建了新型的教学体系。根据我院学生人才培养方案，在教学过程中注重“工学结合”，全面推进学生素质教育，深化体育教学改革，树立“健康第一”的指导思想，以学生的心理活动为导向，面向全体学生，做到人人享有体育，人人都有进步，人人拥有健康。

（2）公共基础模块——行业公共基础课程

①医药行业安全规范　本课程教学内容包括医药行业防火防爆防毒安全生产管理、医药行业电气安全管理和医药行业职工健康保护三方面的知识。通过本教材的学习，学生可以提高安全生产的意识并具备一定的安全防护和急救技能。

②医药行业卫生学基础　本课程教学内容包括微生物基础知识、药品生产过程中卫生管理知识和要求、药品制造车间的洁净区作业知识以及医药行业常用的消毒灭菌技术。通过本课程的学习，使学生掌握GMP对制药卫生的具体要求和基本技能并具备药品生产企业的生产和卫生管理等能力；使学生具备运用消毒和灭菌技术对制药环境、车间、工艺、个人卫生进行管理的能力；培养学生养成遵纪守法、善于与人沟通合作、求实敬业的良好职业素质。

③医药行业法律与法规　本课程面向全院各专业，采用宽基础，活模块的形式，教学内容包括基础项目和选学项目，通过本课程基础项目的学习使学生了解我国药事管理的体制和基本知识，同时使学生了解我国医药行业的各类法律法规，并重点了解《药品生产质量管理规范（GMP）》、《中药材生产质量管理规范（GAP）》、《药物非临床研究质量管理规范》

(GLP)、《药品经营质量管理规范》(GSP)。学生可根据专业需要选择相应的选学项目进行学习，有针对性地对《药品生产质量管理规范(GMP)》、《药物非临床研究质量管理规范》(GLP)、《药品经营质量管理规范》(GSP)进行系统学习，为从事医药行业的各项药事工作奠定基础。

④医药行业职业道德与就业指导　本课程教学内容包括医药行业企业认知、职业道德基本规范、医药行业职业道德规范及修养、职业生涯规划设计、中外大学生职业生涯规划对比、树立正确的就业观、求职准备、就业有关制度法律等内容。通过认知医药行业企业的特点、强化医药行业职业道德规范的重要性，正确教育和引导学生职业生涯发展的自主意识，树立正确的择业观、就业观，促使大学生理性地规划自身未来，促进学生知识、能力、人格协调发展，达到学会做人、学会做事，把不断实现自身价值与为国家和社会做出贡献统一起来。

⑤医药行业社会实践　本课程教学内容包括大学生社会实践概论、大学生社会实践类型及组织、大学生社会实践设计、大学生社会实践的常识和方法、大学生社会实践常用之书五个项目，为突出学生实践技能的培养与锻炼，每个项目都安排了实际演练题目，使学生不仅掌握实践理论知识，更懂得如何将理论付诸实践。

大学生参加社会实践活动能够促进他们对社会的了解，提高自身对经济和社会发展现状的认识，实现书本知识和实践知识的更好结合，帮助其树立正确的世界观、人生观和价值观。也对未来能在所任职的岗位上发挥青年才智具有重大推动作用。在学生正式走上工作岗位之前，对学生进行社会实践教育是非常重要的。

(3) 专业技术模块——专业核心基础课程

①专业基础化学　通过本课程的学习使学生理解元素化学性质，掌握一般无机物定性分析程序及常见阴、阳离子的定性鉴定方法，物质结构基础理论知识，重量分析法的分析过程、要求，影响沉淀纯度及溶解度的因素、结果计算，化学检验的标准、安全知识、仪器设备、工作程序、分析步骤、检验方法、误差与数据处理等相关理论知识及计算，四大平衡基本原理及四大滴定分析方法（酸碱平衡、沉淀溶解平衡、氧化还原平衡、配

位平衡及其相应的滴定分析方法）以及化学热力学、电化学、化学动力学、表面现象、胶体化学的基本知识。为进一步学习后续课程、获取职业资格以及从事专业实践及实际工作打下良好基础。

②药用有机化学　本课程主要学习各类常见有机化合物的结构、命名、性质、反应历程、鉴别方法、制备方法以及各类异构现象、立体有机化学的基本知识。通过学习掌握重要类型有机化合物的命名、结构、性质及其某些应用，重要类型有机化合物的典型反应、重要合成方法和某些重要中间体的应用，特别是一些药物中间体的合成方法和生产工艺；了解各类有机物相互转变的基本规律，构造异构和构型异构现象，初步掌握有机化合物结构和性质关系的基本理论、有机反应基本类型及重要的反应历程；了解有机化合物结构与药效之间的基本关系。

③药物化学　本课程是以化学药物为研究对象，以化学和生物学的理论和方法为主要手段，研究化学药物的结构、合成原理、生物效应、构效关系，以及新药寻找基本途径等的一门科学。本课程要求学生掌握药物化学的基本理论、基本知识和基本技能；主要药物的结构及药理作用、制备路线、重点药物的构效关系。了解药物化学的新理论和应用的进展。实践课从基本化工原料出发，经多步反应合成一个或几个药物，锻炼学生的化学合成实践技能，并培养其相对独立的设计实验方案、分析问题和解决问题的能力。

④制药识图　《制药设备识图》是本专业的一门专业基础课程，是在对化学原料制药设备、药物制剂类设备操作岗位能力分析的基础上建立的。课程主要讲授正投影法的基本理论、方法和应用，机械制图国家标准的有关基本规定，流程图的绘制等内容。培养学生绘图、读图和查阅国家标准的基本能力，空间分析及投影分析的能力。具有手工绘图技能。能够阅读中等复杂程度的机械图样。

⑤化工生产过程安全技术　本课程是化学制药技术专业核心基础课程，主要学习化工生产过程中的操作人员在生产过程中需掌握的安全生产技术，主要包括化工反应安全技术、化工单元操作安全技术、化工电气及静电安全技术以及化工检修安全技术等几部分内容。

⑥机电一体化　机电一体化技术课程是化学制药技术专业的专业核心基础课。本课程主要是使学生掌握电气知识，包括：直流电路、交流电路、磁路和变压器、三相异步电动机基本控制系统、常用低压电器、电工测量与安全用电、过程检测仪表；机械知识，包括：机器的特征和组成、机械常用金属材料及热处理、金属材料的力学性能及工艺性能、常用机构、铰链四杆机构的基本类型和应用、凸轮机构、轴系零件及机电设备故障诊断与维修常识。同时在实践教学中使学生掌握：导线的连接，塑料护套线配线，管线配线，配电箱电器元件安装，荧光灯线路的安装，三相异步电机正、反转实验，三相异步电机顺序启动，能耗制动，轴系零件轴承、联轴器和离合器认识及拆装，典型零件的修理，机械设备的装配方法，自行车拆装训练实验，机电设备故障诊断训练，机电设备维修技能训练等。为本专业后续课程的学习打下坚实的职业基础。

⑦化工仪表及自动化　化工仪表及自动化是一门与工程实际密切结合的技术基础课程，通过学习，了解主要工业参数的基本测量方法和仪表的工作原理及特点，能根据工艺实际情况正确地选用和使用常见测量仪表和调节仪表；理解自动调节系统的组成、基本原理、各环节的作用，能根据工艺的需要提出合理的自动控制方案，为自控设计正确提供有关工艺条件和数据。

⑧药物分析技术　通过本课程的学习，培养学生强烈的药品质量观念。围绕药品质量这一中心，在掌握药物分析基本原理的基础上，结合化学制药过程，从药品质量标准和分析检验技术的角度学习和探讨药品质量控制的问题。

⑨药物制剂技术　药物制剂技术是在药剂学理论指导下的药物制剂生产与制备技术，是药剂学理论在药品生产制备过程中的体现和应用。通过本课程学习，使学生掌握临床常用剂型的概念、特点、处方组成及药物制剂稳定性等知识，掌握药物制剂生产工艺、生产技术、质量控制等技能。

（4）专业技术模块——专业核心技术课程

①化学制药技术　化学制药技术是化学制药专业的一门专业课。它是以现代化学制药技术为主线，研究化学合成药物的合成原理、合成路线和

工业生产过程，以实现生产最优化的一门学科。开设此课的目的是为了让学生了解和掌握进行化学制药所涉及的现代操作技术和理论依据，掌握几种不同类型药物的合成原理及生产操作过程的技术要求，培养学生理论联系实际，分析和解决医药工业生产中实际问题的能力。主要讲授危险原辅材料性质及安全防护技术、药物合成路线的评价与选择技术、最佳反应条件选择技术、催化技术、中试放大技术、化学制药厂“三废”的防治技术等内容。

②制药设备基础　制药设备基础是化学制药专业核心技术课之一，通过学习使学生掌握制药设备基本知识，灭菌和过滤设备、公用设备、原料药生产设备、制剂生产设备的原理，公用系统与生产设备的验证知识。训练学生操作制药生产设备、公用系统的运行调节与故障排除能力。

③制药单元操作技术　制药单元操作技术是化学制药专业核心技术课之一，通过学习使学生掌握制药生产过程中各化工单元操作的基本原理与它们之间彼此联系的内在规律，并且掌握各单元装备的基本结构、基本原理与合理选型、正确使用的相关知识。主要学习流体的流动、流体输送设备、非均一系的分离、传热、蒸发、蒸馏、萃取、吸收、干燥等内容，向学生灌输工程思想，达到构建工程思维的目的。

（5）技能训练模块——岗位综合实训

①化学制药技术岗位综合实训　本课程是化学制药技术专业的一门专业技能训练课程，主要以几个典型原料药及中间体的完整生产过程为载体，学习化学制药所涉及的现代操作技术，掌握药物合成生产操作过程的技术要求，培养学生理论联系实际，分析和解决医药工业生产中实际问题的能力。

②药物制剂技术岗位综合实训　本课程是一门专业技能训练课程，主要以几个常见剂型如片剂、滴丸剂等的完整生产过程为载体，综合运用之前所学药物制剂技术的制备原理进行生产操作训练，使学生达到掌握几条常见剂型生产线、几套生产设备，独立完成生产全过程，独立分析和解决制剂生产中实际问题的目的。

（6）技能训练模块——顶岗实习　顶岗实习是学校安排在校学生实习

的一种方式，学生经过两年的在校学习后第三年到专业相应对口的指定企业，由企业实习指导教师对学生实习进行指导，将在校学习期间储备的理论知识和操作技能灵活、综合地运用到工作实际，完全独立履行实习岗位的所有职责，独当一面，同时进一步巩固所学各门课程的基础知识和基本技能，培养学生综合运用理论知识和实践技能的能力。顶岗实习能够使学生在实习期内就能完成理论与实践相结合，缩短就业后参加工作的磨合期。实习完成后，需完成并上交《顶岗实习报告》。由于顶岗实习具有较大的挑战性，因此能够使学生各方面综合能力得到有效的锻炼与提升。

（7）选修课程——人文素养模块

①大学生礼仪　本课程是为了普及大学生礼仪教育，践行基本的社会道德，增强社会竞争力而开设的一门公选课程。针对当代社会主流价值观对人才素质的需求标准，指导学生学习礼仪知识、掌握交往技巧、积累交往经验，介绍生活中礼仪和名人处世修身的轶事，从仪表、着装等方面指导大学生塑造良好的社交形象，通过礼仪教育，提高大学生的社交能力，增强大学生的社会心理承受能力，去塑造自身良好的形象，从而不断提高大学生的社会化程度。

②艺术欣赏　本课程的教学目的与任务是：坚持以马克思主义为指导，贯彻理论联系实际的原则，通过艺术知识的传授，特别是通过作品的赏析，培养学生艺术欣赏能力，提高文化品位及学生的审美素质。教学内容包括艺术欣赏引论、建筑艺术欣赏、绘画艺术欣赏、雕塑艺术欣赏、工艺美术欣赏、书法艺术欣赏、音乐艺术欣赏、舞蹈艺术欣赏、戏剧艺术欣赏、戏曲艺术欣赏、摄影艺术欣赏、电影艺术欣赏等。

③应用文写作　本课程努力适应当今时代对语言交际能力的高效、便捷、严谨、实用的要求，注重“文面”与“人面”结合，在《应用写作》等课程的基础上，将事务文书、行政公文、专业文书与演讲实务等表达规范、能力训练有机整合，融入学生的专业体验。充分体现基础与应用衔接，通用与专业结合，事务与公务兼容；以语文写作为基础，以国家标准、专业规范为依据，以严谨、科学训练为手段，以优劣文案为参照，以实际应用为目的。

(8) 选修课程——专业发展模块

①制药车间设计及 CAD 制图　通过本课程的学习，使学生了解制药厂厂房布置、厂区规划、制药车间的设计要求等内容。并且能运用计算机绘制厂房布置图、车间图、设备布置图等工程图样。主要讲授制药车间的设计原则、生产流程、主要工艺设备的选择、车间布置；计算机工程制图的基本标准，绘图的基本方法，常用的绘图和编辑命令。在教学上结合实例进行演练，突出案例的普适性与参照性，使学生可以学以致用，快速将所学知识应用到实践中去。

②专业英语　学习化学制药方面的专业词汇知识，重点培养学生阅读和理解专业外文文献的能力，达到借助词典翻译一般专业文献的水平。

③药学信息检索技术　本课程是利用现代信息技术的方法和信息载体检索药学信息，培养学生获取信息意识和检索信息的能力。检索工具以手工检索、光盘检索和网络检索有机的结合方式，在“计算机基础应用”和相关的药学类课程的基础上学习，并为相关专业课程服务。学习本课程的目的在于：培养学生获取信息的意识，了解与其他学科（如图书馆学、信息学、情报学、计算机应用等）的关系；提高自学能力、综合分析问题的能力；培养检索信息和利用信息的能力。学习内容包括药学信息检索入门、医药类数据库信息的检索、药学期刊、辞典、手册和参考书的检索、美国《化学文摘》的检索、国内外专利文献的检索等。

(9) 选修课程——专业拓展模块

①发酵工艺技术　本课程按照微生物发酵生产的全过程阐明各个阶段、各种产品生产的原理和技术，讲解理论知识的同时，又重点突出生产的工艺操作和控制技术等实际问题。通过本课程的学习，掌握发酵工程药品生产各环节的基本原理，微生物发酵制药过程中的培养基制备、菌种选育、种子制备和保藏、发酵工艺过程控制、发酵生产染菌及其防治，掌握典型发酵药品生产工艺流程，并且熟悉发酵工业的常用术语，为今后从事生物工程的有关生产打下良好的基础。

②药品市场营销　通过本课程的学习，熟悉医药商品营销的价格策略，营销渠道和医药市场的促销策略，并通过对医药市场营销决策和方法，以及进

入国际市场的营销策略与方法的学习，使学生掌握医药市场营销和管理的基本理论、基本策略和基本技能，能对医药市场的营销环境进行分析。

③实用医药商品知识　通过本课程的学习，使学生了解药物商品的基础知识，各类常见药物的商品名称、性状、作用与适应证、不良反应、用药指导、商品信息、贮存等知识。

3. 学习方法

大学阶段的学习不同于高中学习，一方面学习内容发生了变化，高中阶段主要学习语文、英语、数学、物理、化学等课程，而大学阶段的学习主要是专业基础以及专业课程学习，如专业基础化学、药用有机化学、化工生产安全技术、机电一体化、化工仪表及自动化、化学制药技术、制药单元操作技术、制药设备技术等课程。高职教学内容的专业化、学习形式的多样化、学习时间的弹性化等都较中学有很大的不同。

另一方面学习的目的不同，高中阶段的学习目的是“找一个门”，在高考中考出个好成绩，选个好学校、选个好专业；而大学阶段的专业已经确定，学习的目的是“找一个碗”，如何学到一整套专业知识与技能，为今后很好地就业铺平道路。虽然刚刚告别了紧张的高中学习和高考，学习压力貌似小了很多，但想想三年后的就业，那压力丝毫不逊于高考，因为那时的你才是要真正走出校门，步入社会，从此自食其力，那个时候才是你寒窗苦读的终结和归宿，是不是依然任重而道远，不容丝毫的懈息呀？

若想三年后的你不为就业迟疑、犯难，能够让自己多点选择、给自己找个好的“归宿”，那就稍事休整，好好规划一下大学生活，瞄准下一个目标继续努力吧！

然而学习绝不是凭蛮劲就能做好的事，俗话说得好：工欲善其事，必先利其器。好的学习方法可以提高学习积极性、提高学习效率和成绩、减轻学习压力。因此必须在学习中不断地观摩、探索、总结规律性的东西，摸索、掌握一套科学的、高效的、适合自己的学习方法，以求事半功倍。

应该明确基础知识学习的重要性，加强基础知识的学习，扎实的基础理论可以很好地指导我们的实验、实践操作，我们既可以知其然，也可以知其所以然。

下面介绍一些学习方法，希望对你有所帮助。

(1) 端正学习动机、树立正确的理想和信念，保持良好的学习心理状态。动机、信念、理想都属于一个人的个性心理倾向，其中信念和理想属于个性心理倾向的高层次部分，对动机具有制约和调节作用。只有树立了正确的信念和远大的理想，才会转化为强大的学习动力。需要明白的是高职教育中同样出人才，高职生同样有出息，行行出状元。

良好的学习心理状态包括浓厚的学习兴趣，端正的学习态度，克服学习的困难，解除学习的疲劳，正确面对挫折等。要知道兴趣是人力求认识和探究事物或从事某种活动的心理倾向，这种倾向伴随着良好的情感体验。对学习充满兴趣的同学，具有良好的内部学习动机，能主动积极地进行学习，并从学习中体验到快乐。虽然兴趣源于好奇心，但并不等于好奇心，好奇心比兴趣广泛，没有明确的方向，而兴趣有明确的方向，比好奇心更为稳定。因此，应及时把好奇心引导到对文化科学知识和技能的探索上，这样好奇心就升华为求知欲，就会形成一种稳定的学习兴趣。

可以试着做做下面的选择，判断并适当地调整一下你的学习心理状态，相信对你的学习会有帮助。

表 2－5 学习心理状态表

序号	问题	选择
1	学习时是否经常感觉心情舒畅	是□ 否□
2	学习遇到问题时是否积极解决，请教教师、同学，查阅资料	是□ 否□
3	是否把学过的东西进行比较，有计划地总结	是□ 否□
4	是否把平时的重点、难点予以总结，以备复习	是□ 否□
5	平时所做测试是否分科整理、完善保管	是□ 否□
6	上课或自学时注意力是否集中	是□ 否□
7	是否遇到错题重做、选择本类题目再做	是□ 否□
8	课间是否愿意走出去休息一下	是□ 否□
9	对学过的新旧知识是否能做比较	是□ 否□
10	是否愿意参加校外公益活动及课外活动	是□ 否□

（2）培养良好的学习习惯。良好的学习习惯包括制定有效可行的学习计划，做好自学，课上注意听讲并养成良好的随记笔记的习惯，积极思考并回答，同时善于提出问题，课后及时复习，按时完成作业，做好单元小结，恰当选择课外书籍，合理安排时间等。

①制定学习计划　可以依据业已明确的近期目标和远期目标以及自身实际情况制定切合实际、行之有效的学习计划，切忌好高骛远。因为目标定得过高，在执行过程中很难落实到位，不仅计划形同虚设，而且一次次的计划落空会使自己陷入太多的挫败和自责等负面情绪中，这种负面情绪积蓄过多就很难使自己提起学习兴趣，便出现“随它去吧”的消极状态，这非常不利于我们的学习。

②做好自学　现代社会的快速发展注定每个现代人需要与时俱进，都要面临终身学习的问题，这就要求我们必须具备一定的自学能力。我们曾经经历的过去 12 年的学习多数是在老师“这根拐棍”的帮扶下进行的，过多地依赖于外界的作用，自学能力没有得到较好的锻炼。现在的大学生活恰恰给我们提供了这样的机会、空间和自由度，我们需要丢掉“拐棍”，在思想上将自己转换为学习的主体，只让老师充当引路人或向导，有意识地加强自身自学能力的培养。

我们的自学多数是以教材作为载体，因此有必要了解如何更好地使用教材。目录的作用不容忽视，但以往总是被同学们忽视。一方面我们可以通过浏览目录，借以了解一下该教材的知识框架，另一方面，目录还可以作为学完该门课程后的复习索引，我们可以看着目录在头脑中将每一条目录所涵盖的重点、难点回忆一遍，不会的继续巩固复习，以此来检查我们对知识的掌握程度。下面还需了解该教材的知识结构、基本内容、重点内容、重点、难点，明确各自的具体要求，列出难点、要点，列出懂与不懂的部分，为听课做好充分准备，做到有目的地听讲。使我们能够从被动学习中解脱出来，以获得学习的主动权。

在自学过程中要努力弄懂每一个章、节、项目、模块或任务的内容、基本概念、公式、定理等。要学会独立思考，多问几个为什么，联系已学过的知识反复思考，深入钻研，做到熟读精思。熟读精思就是要根据记忆和理解的辩证关系，把记忆与理解紧密结合起来，只有在记忆的基础上进行理解，理解才能透彻；只有在理解的参与下进行记忆，记忆才会牢固。熟读要做到心到、眼到、口到；精思要善于提出问题和解决问题，并用自我诘难法和众说诘难法去质疑问难。

③课上认真听讲　当我们自学完一个章节后，应认真回忆本章内容，分析一下，哪些搞懂了，哪些没有懂，哪些还有疑问，及时地记录在笔记本上。上课认真听讲，把老师讲课当成启发、引导、深入和巩固自学成果的重要补充，遇到还没弄懂的和有疑问的内容着重听老师的讲解帮助自己弄懂，有些内容可以启发自己深入理解，已懂的内容可借助老师讲解复习巩固。

④及时复习，加深记忆　复习的目的在于巩固与加深记忆，而课后的作业、练习、实验和课外参考则可作为检验自己学习效果的一个重要标志。在复习中我们可以采取的方法多种多样。

a. 系统法　系统法是把各种有关的知识纳入一定顺序或体系的思维方法。系统法不单纯是知识的分门别类，而且是把知识加以系统整理，使其构成一个比较完整的体系。把整体的各个部分归入某种顺序，在这个顺序中，各个组成部分彼此发生一定联系和关系，构成一个统一的整体。

b. 具体法　具体法是把概括的知识用于具体的、个别的场合的思维方法。

系统法是概括的高级阶段，具体法是抽象的相反过程。

c. 分析法　分析就是在思考的过程中把对象的整体分解为不同的部分，把事物的个别特征或属性分析出来。

d. 综合法　所谓综合，就是在思考过程中把认识对象的各个部分联合成一个整体，或把事物的各个特征、属性联系起来。

分析和综合是密切联系，不可分割的。在实际运用时，既可以先分析后综合，也可以先综合后分析，还可以边分析边综合。先后顺序可相互变换。

e. 抽象法　抽象是抽取知识的非本质属性或本质属性的一种思维方法，是指把事物的本质方面和主要方面抽象出来，去掉非本质和非主要部分，形成抽象概念。抽象可以有两种水平层次的抽象：一是非本质属性的抽象；二是本质属性的抽象。

f. 概括法　概括是将有关知识的非本质属性或本质属性联系起来的一种思维方法，在抽象的基础上进行概括，把抽象出来的事物属性推广到具有相同属性的事物上，形成关于这类事物的普遍的理想化模型和理想化过程。

抽象和概括也是互为前提的、相辅相成的，在学习过程中应有意识地抽象中加以概括，概括中加以抽象，以达到对知识正确、深入的掌握。

g. 比较法　比较就是把有关的知识加以对比，以确定它们之间的相同点和不同点的思维方法。比较一般遵循两条途径进行：一是寻找知识之间的相同之处，即异中求同；二是在寻找出事物之间相同之处的基础上找出不同之处，即同中求异。

h. 分类法　分类是按照一定的标准，把知识进行分门别类的思维方法。是指在比较的基础上，根据事物之间的共同点和差异点，将事物区别为不同种类或不同等级系统的一种逻辑方法。根据共同点将事物归合为较大的类；根据差异点将事物划分为较小的类。因此特性则是划分事物的根据，共性则是归合事物的依据。

i. 联想法　联想是指即根据教材内容，巧妙地利用联想帮助记忆。可以理论联系实际，理论联系生产。

j. 派生法　派生是以某一重要的知识点为核心，通过思维的发散过程，把与之有关的其他知识尽可能多地建立起联系。这种方法多用于章节知识的总结或复习，也可用于将分散在各章节中的相关知识联系在一起。

（3）养成优良的学习意志品质，培养良好的学习能力。在学习过程中要不断培养优良的学习意志品质和良好的学习能力，如培养自己不怕苦不怕难的顽强毅力，高度集中思维的能力，刻苦钻研的精神，清晰、准确、快速的记忆力，高度的综合概括能力，丰富的想象能力，善于抽象的思维能力等。良好的学习能力包括观察能力、思维能力、创新能力、语言表达能力、解题能力和应试能力等。

（4）注重规范性实践操作训练。在学习过程中同学们一定要注重学以致用，即根据认识与实践的辩证关系，把理论和实践有机地结合起来。知者行之始，行者知之成。以理论为指导的实践才能行之有效，脱离理论指导的实践则是盲动。同样，以实践来验证的理论才能理解透彻，脱离实践的理论则是空知。因此，学习也要理论联系实际。要善于在实践中学习，边实践、边学习、边积累，也要不断地把学习得来的知识，用在实际工作中，解决实际问题。

这样就要求同学们在今后的学习中不仅要重视理论学习，更要珍惜每一次的实验、实训机会，多观察、多思考、多提问、多动手操作，要珍惜每次到企业实习的经历，感受真实的工作环境，在做中学，在学中做，不断提高自己的专业技术水平和专业技能。

化学制药专业的相关实验操作的规范性不仅关乎实验、实训的结果，更关乎实验、实训的安全性，因此应格外重视操作的规范性。而要做到规范操作，首先要提前预习，将实验、实训步骤由繁化简，再抓住每一步的关键，在每个实验步骤中规范操作，这样才可以收到好的实验、实训效果；其次，注意听老师的讲解与提示，认真观察老师的示范操作；最后，要注意实验、实训过程仔细观察与深入分析，认真进行实验记录，总结和反思自己的实验、实训操作过程和结果，并进行讨论。

当然，学习方法是多种多样的，不得强求一律，其关键在于引导学生通过认真总结，使学生获得学习能力。

（5）要善于进行自我时间管理。比如，准备一个本子，将每天要做的事情罗列在上面；将要阅读的书籍罗列在上面，做到有计划，才会将来有实施；将平时所感所想记在上面，以备将来总结之用。总之，时间管理要求同学们目标具体且有计划性，抓住零散时间做好每一件事。

知识链接

大学生应该怎样学习

中国教育科学研究院　王春春

大学生的主要任务之一就是掌握扎实的专业知识，现代社会的一个重要特征就是各种信息浩如烟海，知识更新速度日新月异，大学生如果不主动学习，不懂得鉴别，也不善于更新知识，则很快会被时代淘汰；而要想在有限的大学四年里掌握所有的学科专业知识，则既不现实，也不可能。因此，大学生尤其需要利用宝贵的大学时光，有方法、有选择、有鉴别地、有系统地汲取知识，并将知识内化为能力和素质，为日后的可持续发展奠定坚实的基础。

大学和中学的教育性质本来就有很大不同，因此，必须根据大学的教育规律来选择合适的学习方法。上中学时，老师会不断重复每一课的关键内容，但进入大学后，更多的却是“师傅引进门，修行在个人”，也就是说，课堂教学往往是提纲挈领式的，老师只是“引路人”，在课堂上只讲难点、疑点、重点或者是其最有心得的一部分，大学生只有主动走在老师的前面，自主地学习、思考、探索和实践，培养和提高自学能力，才能在课堂上获得最大的收获。这难免意味着大学生的课外学习任务更重，但是，大学生的学习能力也正是在这个过程中得到提高的。

与高中时代单纯的学习时光相比，大学生活更加丰富多彩，大学生不仅要学习，还要参加各种实践活动，用于学习的时间和精力确实相对有限，但与此同时，大学生可以自己支配的时间也更多了，因此，科学地安排好时间对成就学业非常重要。吴晗在《学习集》中说：“掌握所有空闲的时间加以妥善利用，一天即使学习 1 小时，一年就积累 365 小时，积零为整，时间就被征服了。想成事业，必须珍惜时间。”华罗庚也曾说“时间是由分秒积成的，善于利用零星时间的人，才会做出更大的成绩来”。

学过的知识的确会随着时光的流逝而被遗忘，但是，如果能够将知识消化、吸收，并内化成为自己的能力和素质，那么知识的恒久价值便会体现出来。微软公司曾做过一个统计：在每一名微软员工所掌握的知识内容里，只有大约 10% 是员工在过去的学习和工作中积累得到的，其他知识都是在加入微软后重新学习的。由此可见自学能力对个人持续发展的重要性，但这并不是说学校学习的知识不重要，恰恰相反，这种自学能力是通过学校学习获得。因此，大学生不仅要学习知识，还要下苦工夫学习，要学会举一反三；不仅要善于向他人学习，更要学会自学，学会无师自通。

“宝剑锋从磨砺出，梅花香自苦寒来”。打基础是需要下工夫的，要相信：今天的努力是不会白费的。

（摘自中国高职高专教育网）

测一测

学习态度与学习方法综合测评量表

指导语：这是一项有关个人兴趣、方法等方面的问卷，共有99题。每个人对这些问题会有不同看法，回答也是不同的，因而对问题如何回答，并没有“对”与“错”之分，只要表明你对这些问题的态度，请你尽量表达个人的意见，不要有所顾忌。测验时，请仔细阅读每一道题，根据题目中所叙述的内容和你自己相符合的程度，按答题纸上说明的A、B、C、D四个等级加以评定。

A. 完全符合自己的情况；

B. 大体上符合自己的情况；

C. 有一些符合自己的情况；

D. 完全不符合自己的情况。

也就是，如果某一题你选“A”答案，就在答卷纸上这一题的“A”下面打“√”，选择“B”，就在“B”下面打“√”等。本测验不计时间，但应凭自己的直觉反应作答，不要迟疑不决，拖延时间，也不要互相观看和讨论。请在半小时内完成测验。

-1. 上课时，我头脑里往往会想些别的事，以致老师讲解的许多内容，我似乎都没有听到。

-2. 在考试时，我常常会想起考试失败可能引起的后果。

3. 上课时我总是聚精会神地听老师讲解。

-4. 准备考试时，我先写好各道复习题的答案全文（或抄别人的），然后把它背熟，以便考试时能全部默写出来。

5. 某些主要学科或一门学科中我认为特别重要的或特别难学的章

节，我总争取做预习（在课前或前一晚上）。

6. 我的记忆力还不错，背诵一篇课文或记住学习的内容，对我来说不是太困难的事。

-7. 我平时没有制定什么学习计划，即使是寒暑假期间或复习迎考阶段也是这样。

-8. 阅读课本或其他读物时，我自己很少用红蓝笔或其他笔画线、做记号。

-9. 每天晚上我复习当天功课，完成当天作业都已来不及了，所以第二天的功课，我一般都不预习。

-10. 准备考试时，要我自己根据教科书预先写出复习题答案，我感到困难。

11. 在寒暑假期间，我常常要制定一个学习计划并努力按计划去学点新知识。

12. 要背诵课文时，我常常在诵读几遍之后就开始试着背诵，然后再打开书诵读几遍，再试背，也就是让诵读和尝试背诵交错进行。

-13. 老师呈示的挂图、模型、标本或进行的演示实验，我也想看清楚，但是如果看不清楚，我也就算了；至于它说明什么问题，我就注意得不够。

-14. 学过的知识我倒记住不少，只是在我头脑里显得比较乱，以致要用时又找不到。

15. 作业中有些不好解答的题目，我总要自己尽力想法解答，不到万不得已不去问老师或同学。

16. 我常常把一些我认为写得好的文章（包括语文课本中的课文）反复诵读。

17. 学习时，我时常把教材内容分解为若干部分或若干要点。

18. 考试后全班最好的成绩是多少分，是谁，我总是特别感兴趣。

19. 我常常由于能更有条理、扼要地回答老师的提问而受到表扬。

-20. 上课或自己复习功课时，我常常觉得时间过得很慢。

21. 学习时，我不仅能够弄清各个部分、各个要点的意思，而且能较快地弄清各部分、各要点之间的联系和关系（例如读课文，不仅弄懂段落的意思，而且很快就弄清各段之间的联系）。

22. 在课堂上，老师呈示的挂图、模型、标本或进行的演示实验，我总是争取看得清清楚楚，弄明白它说明什么问题或可以得出什么结论。

－23. 语文课本中的课文，我很少去反复诵读，我认为只要会解释，懂得大意，做做作业就行了。

－24. 我在阅读报纸、小说或其他课外读物时，要出声地或默默地一个字一个字地读下去，所以速度比较慢。

－25. 复习功课时，我喜欢把课文中有关的字句、段落全部记住或背熟，尽量做到考试时不漏掉什么。

－26. 我不善于言辞，在课堂上回答老师提问或在小组讨论中发言，往往不能把自己想说的话有系统地、抓住重点地表达出来。

27. 上课时，我尽力想象老师所讲的某些内容，如果有可能的话，我就把老师所讲的内容变成形象在头脑中显出来。

－28. 我一般是没有先复习功课就动手做作业。

－29. 学习时，我偏重于理解，不大重视记忆，以致有些重要的定义、定理、公式、结论，我能理解却记不熟。

－30. 学习某种材料时，我常常是整篇读下去，如果要我把它分解为若干部分或要点，我就感到困难。

－31. 做作业时碰到难题，我常常找其他人帮助解决，免得自己花太多时间去琢磨。

32. 虽然我重理解，不爱死记课本中的字句，但对一些关键性的词语或公式，我还是努力记住、记熟。

－33. 上课时，老师讲的许多具体事例，我似乎也能听懂、记住，但是，要用简单的几句话加以概括，我又感到困难。

－34. 有些作业我不会做，老师又要求按时交，我只好去抄同学的。

－35. 做问答题时，我往往心里觉得理解了，可是动笔去写又写不好。

36. 写文章或做问答题时，我常常先列出大纲或要点（同时还对列出的要点进行增删、调整），然后才下笔去写。

37. 阅读一篇文章或课文时，我能够迅速抓住各段的段落大意和全篇的中心思想。

38. 我尽量做到当天的功课当天就进行复习并做完作业。

39. 我重在平时复习，考试前夕倒不怎么紧张，有时反而去玩一玩，让头脑休息休息。

-40. 上课时，我尽力控制自己专心听讲，但是，许多内容我还是听不懂，听不进去。

-41. 我很怕写作文，即使写一篇短文，我也感到困难。

-42. 我平时没有时间去复习各门功课，一般都是老师要考哪一科时我才去复习哪一科。

43. 我喜欢独立学习，独立思考，但遇到问题时我也喜欢和同学一起讨论。

44. 听老师讲解一种知识时，我自己往往还联想起与此有关的一些知识或事例。

-45. 写作文或做问答题时，我往往没有把要写的内容在头脑里先组织一下，就拿起笔写，也就是说，往往没有想清楚就动笔写。

-46. 由于我做作业做得慢或比较贪玩，所以时常不能按时完成作业。

47. 读物理、化学时，我很重视书上说的各种实验，尽力想象实验进行的实际情境。

48. 上课时，有老师要讲的内容还没有讲完，我就知道他要说什么或要做出什么结论。

49. 学习时我经常把新材料和已有的知识经验联系起来。

-50. 复习功课时，我一般都按书上的字句去记，考试，也力求按书上原来的字句去写，如果要用我自己的话去写，我就感到很困难。

-51. 学习成了我的沉重负担，我最好快一点毕业，快一点离开学校。

-52. 我学习时，很少提出问题，有些教材我读不懂，往往也提不出明确的问题。

-53. 对实验课，我不大重视，而且我也不怎么喜欢动手去做实验。

54. 学习比较抽象的材料时，我总是努力联系实际，或举出一些具体的例子去说明它。

-55. 读书时用笔先做记号是一件很困难的事，因为我往往分不清哪些地方该做记号，哪些地方不该做记号。

56. 听课时，我往往把不理解的问题或联想起来的问题记下，以便可后进一步思考、弄清。

57. 老师布置的作业我总是努力按时完成。

-58. 考试时，我常常很紧张，以致有些本来会做的题目也做不出来，或做错了。

-59. 由于种种原因我很难每天在固定的时间开始做功课。

60. 我能够把详细的教材缩写成提纲，当必要时（如考试时），我又能根据提纲进行发挥，写出详细的内容。

61. 上课时，我专心听讲，紧紧抓住老师讲解的线索，积极思考老师所讲的内容。

62. 学习理、化、生物、地理学科，我不单用头脑想，只要可能，我总是动手去试做一下。

63. 听老师讲课时，我总喜欢动笔记一些要点、纲要。

-64. 在老师提问或小组讨论时，我虽然有自己的见解，也不敢当众发表出来。

-65. 数理化的教材，都要老师讲解，我才能理解，如果让我自学，有很多地方我是读不懂的。

66. 学习时，我不满足于记住一些定理、公式、定义、结论，我总是想法弄清它们是怎么得出的。

67. 在回答问题时，我喜欢根据自己的理解，用自己的话去回答，很少硬背课本上的字句。

68. 我的书桌总是整理得整整齐齐，各种学习用品总是放在固定的位置。

69. 我喜欢把学到的知识用来解决或解释生活上或课外活动中碰到的问题。

-70. 我认为学习时能记住定理、公式、定义、结论就可以了，至于它们是怎么产生的（论证的过程）我往往不够重视。

71. 在上课或听报告时，我能够把老师讲的内容扼要地、系统地记下来。

72. 考试时，我总是先把考题看一遍，把容易做的或得分多的题目先做了，把难做的题目留到最后去想。

73. 在学习时，我总是力求弄清教材中各部分、各要点之间的联系或关系。

-74. 学过的一些定理、规则或概念的定义，我还能记住，只是在做作业时或碰到实际问题时，我往往不知道怎么用。

-75. 上课时或在小组讨论时，我有问题也不敢当场提出。

76. 在准备考试时，我常常先提出一些问题自己考自己，看看准备是否充分了。

-77. 我学习一种新知识或一种新事物时，很少想到要把它和已有的知识或其他事物进行比较。

-78. 我的学习用品随便放，以致要用时常常要找好久。

-79. 做数学练习，我不喜欢做应用题，我觉得应用题比较难做。

-80. 我有时会定学习计划，但往往不能按计划去做。

81. 我每天总是在一定时间复习功课，完成作业。

82. 在准备考试时，我常常根据教科书写出各道复习题的答案要点（不是全文）。

83. 发回的卷子或作业，如果有做错的，我总要弄清楚为什么错了，怎样做才对。

-84. 我极少用参考书和辞典。

85. 在复习功课时，我喜欢把详尽的材料变成简要的提纲，以便更好地记住。

86. 我常常把学到的各种知识进行比较，发现它们之间的异同和联系。

-87. 听老师讲课时，我有时也想做些笔记，但我一去记笔记，老师讲的内容我就听不清楚了。

88. 在阅读报纸、小说或某些课外读物时，我不需要一个字一个字地读，而能一个分句或一个整句地读（即眼睛一看就能把握一个句子的意思），所以速度比较快。

-89. 在准备考试时，我不是系统、全面地复习，而是猜老师会出什么题，然后有重点地复习一些内容。

-90. 我觉得学校里学到的知识，尤其是理科知识，在生活上用处不大。

91. 复习功课时，我常常把学过的知识列成表或画成图，借以揭示各种知识（如各种概念、定理、公式、事物的特性等）的区别和联系。

92. 学过的各种知识，我一般都能有条理、有系统地保存在脑子里，所以，用到某一概念或定理时，我能很容易地找到它。

-93. 老师发回的卷子或作业，一般我只关心得了多少分，或粗粗地看一下哪道题对、哪道题错，而不弄清楚错在哪里、怎样做才对。

-94. 一般来说，考试时能得个“良”（或 80 分左右）的成绩，我就很满意了。

95. 我重视学习经验的总结，并时常和同学交流学习经验。

-96. 我的记忆力不好，学过的材料常常记不住，或记不清楚。

97. 学习时，我喜欢思考，即使很难理解的材料，我也总是要想法把它彻底弄懂。

98. 我在动手做作业之前，总是先把功课认真复习一遍，弄懂教材的内容。

99. 我挺喜欢学习，学习使我每天都在增长知识、扩大眼界。

学习态度与学习方法综合测评量表评分方法：题目分两种类型，题目前无“-”号的是从正面阐述问题，有“-”号的是从反面阐述问题。A、B、C、D 四个等级答案，从反面阐述问题的类型分别相应得 0 分、1 分、2 分、3 分。从正面阐述问题的类型分别相应得 3 分、2 分、1 分、0 分。将所有题目的分数相加后，分数越高说明被测评的人学习态度与习惯、学习方法、学习能力越好，否则相反。

量表介绍：测验量表来源于福建师范大学教育系赖昌贵教授参考美国

密歇根大学学与教研究中心提供的有关资料。

4. 成绩评价

化学制药技术专业的成绩评价有别于传统的考试考查方法，采用阶段评价、目标评价、项目评价、理论与实践一体化评价模式。注重过程评价，弱化评价的选拔性、鉴别性，强化评价的引导性、激励性，充分调动学生学习的积极性、主动性，强化学生终身学习的理念，促进学生的可持续发展。

实现评价主体多元化，学生、教师、企业人员等共同参与学生的评价，促进学生个性发展。采用课堂提问、学生作业、平时测验、实验实训、技能竞赛及考试情况，综合评价学生成绩。

打破一考定优劣的评价方式，按照高职学生的认知特点，根据学科特性，采用多样化的评价方式，培养和提高学生的创新精神，使学生在成长过程中不断体验进步与成功，使他们的潜在优势得到充分发挥，最终实现全面发展。

工学结合，校企合作，将企业岗位职业技能的要求和考核评价方式，纳入职业技能课程学生评价体系，对学生的职业意识、职业素质、职业技能进行全面评价，提高学生的职业适应能力，为企业选材、用材打下良好的基础。

在教学过程中将岗位技能培训与考核的内容融于日常的教学中，第五、六学期分别进行中、高级工的考核。理论知识考试采用闭卷笔试或口试方式，技能操作考核采用现场实际操作方式；论文（报告）采用专家审评方式，考试成绩均实行百分制，成绩达60分为合格。

四、推荐专业书籍及网络资源

1.《制药工程导论》

白鹏（天津大学化工学院制药工程系副主任、教授、博士生导师）主编的《制药工程导论》是根据制药工程专业教学大纲及教学内容编写，并通过教育部普通高等教育“十五”国家级规划教材评审。该书全面系统地介绍了制药反应工程、制药分离工程和制剂工程技术。主要内容包括：反应合成技术概论、吸附和离子交换、色谱法分离、萃取、结晶分离、蒸馏、过滤和离心分离、膜分离以及药物制剂技术概论等，共10章，并附有参考文献及练习题。该书是高等学校制药工程专业的专业课教材，也可供其他相关专业师生及有关研究、设计单位的工程技术人员参考。

2.《制药工艺学》

元英进（天津大学化工学院长江学者、杰出青年、制药工程博士生导师）担任主编，赵光荣、孙铁民担任副主编，《制药工艺学》是普通高等教育“十一五”国家级规划教材。制药工艺是把药物产品化的一个技术过程，是现代医药行业的关键技术领域。该书详细、全面地阐述了工艺原理及工艺过程，并介绍了典型产品应用实例。

绪论介绍制药工艺学在整个药品生产制造流程工业中的地位和重要性，制药工艺的种类、特点及所涵盖的内容等。化学制药工艺篇，按反应与合成关系进行内容设计，包括化学制药工艺路线的设计与选择、化学制药的工艺研究、手性制药技术，典型工艺包括氯霉素、紫杉醇、头孢氨苄、甾体激素等8个产品的生产应用举例。生物技术制药工艺篇，按上下游关系进行内容设计，包括微生物发酵制药、基因工程制药、动物细胞培养制药工艺等。典型产品工艺有青霉素、维生素C、谷氨酸，重组人干扰素、重组人生长激素、胰岛素、重组人红细胞生成素、单克隆抗体和疫苗等。共性技术篇，按生物技术制药和化学制药工艺的共性技术需求进行内容设计，包括反应器、制药工艺计算、制药工艺放大研究和三废处理工艺等。该书可作为制药工程专业本科教材，也可作为药物制剂、生物化工等专业本科生的选用教材或医药科研、生产等相关技术人员的参考书。

3.《化工原理》

夏清（天津大学化工学院化工系教授、硕士生导师）、陈常贵主编、姚玉英主审的《化工原理》是全国普通高等学校优秀教材。该书重点介绍化工单元操作的基本原理、典型设备及其计算，上册包括绪论、流体流动、流体输送机械、非均相物系的分离和固体流态化、传热、蒸发等内容。下册包括蒸馏、吸收、蒸馏和吸收塔设备、液－液萃取、干燥、结晶和膜分离6章。

4.《制药分离工程》

李淑芬（天津大学化工学院化工系教授、博士生导师）、白鹏（天津大学化工学院制药工程系副主任、教授、博士生导师）主编的《制药分离工程》是教育部立项的普通高等教育“十一五”国家级规划教材。适用于制药工程专业本科教学。制药分离过程主要是利用待分离物系中的有效活性成分与共存杂质之间在物理、化学及生物学性质上的差异进行分离，是制药工业产品产业化的关键环节。《制药分离工程》主要介绍制药工程领域常用分离技术及近年发展的新型分离技术的原理、方法、工艺计算及其应用。《制药分离工程》共15章，主要包括：绪论、固液萃取（浸取）、液液萃取、超临界流体萃取、反胶团萃取与双水相萃取、非均相分离、精馏技术、膜分离、吸附、离子交换、色谱分离过程、结晶过程、电泳技术、手性分离、干燥和造粒。书后列有习题供学生复习。为方便教学，《制药分离工程》配有教学课件。《制药分离工程》可作为各高等院校相关专业本科生教材，亦适于从事制药工程领域的科研和工程技术人员阅读。

5.《药物化学》

郑虎主编，人民卫生出版社出版的《药物化学》是普通高等教育“十一五”国家级规划教材、卫生部“十一五”规划教材。主要内容包括：药物的名称、中英文化学名称、药物的理化特性；药物的化学结构、结构特征、基本药效结构及基团；药物的作用靶点（以细胞学及分子生物学为基点）、药物小分子与生物大分子之间的作用方式；药物的构效关系、药物的类似物及衍生物；药物在体内的化学转化过程；药物稳定性的化学基础；药物的发展历史及发展方向，其中特别关注新药设计及研究的各种创新性思路。

6.《化工安全生产技术》

王德堂、孙玉叶主编的《化工安全生产技术》系统介绍了化工反应、化工单元操作、危险化学品、特种设备、电气安全、装置安装与维修、生产运行等化工安全控制技术，对常用易燃易爆物品的防火防爆、职业接触性毒物防护方法和安全法规进行了较详细的说明，并配有大量的化工事故案例及相关的应用实例，具有较强的实用性和可操作性。

7. 中国制药网

成立于2001年，是一家专注于制药行业的信息服务机构，整合了制药行业内的原料药机械及设备、制剂机械、饮片机械、药用包装机械、西药原料、中间体、中药材、药包材、药用辅料等几大行业于一体，经过近几年的积累与发展，形成了以 B2B 电子商务模式为基础，服务于整个制药行业的大型电子商务平台。网址：http：//www. zhiyaonet. com。

8. 丁香园网站——医学药学生命科学专业网站

丁香园是中国最大的面向医生、医疗机构、医药从业者以及生命科学领域人士的专业性社会化网络，提供医学、医疗、药学、生命科学等相关领域的交流平台、专业知识、专业技能。其中的丁香园论坛含 100 多个医药生物专业栏目，采取互动式交流，提供实验技术讨论、专业知识交流、文献检索服务。其中的实验技术板块，包罗了生命科学专业各个方向的技术技能，具有很高的参考价值。网址：http：//www. dxy. cn。

任务二 学技能，实训有安排

一、实训室安全要求

1. 实训室消防安全检查制度

为加强实训室的管理，做好实训室消防安全工作，特制定本制度。

（1）在学院消防安全主管部门的指导下，实训室消防安全管理工作由实训中心主管部门负责，实训技术人员具体实施。

（2）加强消防宣传教育工作，提高全院师生的消防意识。各实训室要对存在的消防安全问题及时提出整改意见，做到预防为主，消除隐患。

（3）实训室要配备必要的消防设施，消防主管部门要定期检查实训室的各种消防设施，定期更换灭火器内容物，确保其处于完好可用状态。

（4）各实训室的消防设备和灭火工具，要有专人管理；实训室管理及教学人员要掌握消防设施的使用。

（5）不准破坏、挪用消防器材，违者追究其责任。

（6）实训室要做好防火、防爆、防盗工作；下班时要切断电源、气源，清除工作场地的可燃物，关好门窗。

（7）危险化学药品（易燃、易爆、麻醉、剧毒、强氧化剂、强还原剂、强腐蚀剂）要有专人管理，并严格遵守相关管理制度。

（8）各实训室新增用火、用电装置，要先报后勤管理处、保卫科，并经论证符合安全要求，被批准后，方可增用。

（9）各实训室安装、修理电气设备必须由电工人员进行；禁止使用不合格的保险装置及电线。

（10）实训室技术人员每周一次对实训室进行全面安全检查，并做好检查记录，发现情况应及时采取措施并上报有关部门。学院消防安全主管部门及实训室行政管理部门不定期对实训室进行安全检查。

（11）对违反消防安全规定和技术防范措施而造成火灾等安全事故的有关责任人，要视情节轻重给予处罚，触犯法律的，由司法机关依法追究其刑事责任。

2. 学生进出实训场所行为规范

凡进入实训场所参加实训的学生必须严格遵守以下流程。

（1）学生在进入实训场所之前不准在校园内的其他场所穿着实训服装。

（2）学生应携带实训服装进入实训场所，必须在指定区域更换服装。

（3）学生更换实训服装后，将个人物品叠放整齐，放置在实训场所内的指定区域，整装后开始实践教学。

（4）实践教学结束后，在指定区域内更换实训服装，将实训服装叠整齐，整装后携带个人物品离开实训场所，不得穿着实训服装走出实训场所。

（5）实训结束后，要安排值日生做好实训室清洁卫生工作，实训仪器等物品要整理好，洗刷干净，按要求摆放整齐并请指导教师检查清点认可后方可离开。离开实训室前要切断电源、气源、熄灭余火，关好水龙头，锁好门窗。

3. 化学实验室的废物处理

知识链接

任何人进入化学实验室时，必须严格遵照实验室的安全条例，而且有熟悉这些条例的人在旁监督，否则将造成严重后果。

废弃物是指将要丢弃的所有物品。在实验室内，废弃物最终的处理方式与其污染被清除的情况紧密相关。废弃物处理的首要原则是所有感染性材料必须在实验室内清除污染、高压灭菌或焚烧。

值得注意的是，实验室废弃物不可随意丢弃，必须进行分类，及时处理。实验室必须备有相应处理设施和工具。

（1）废气的处理　实验室废气的特点，一是少，二是多变。废气处理应满足两点要求：一是控制实验环境的有害气体不超过规定的空气中有害物质的最高容许浓度；二是排出气体不超过居民大气中有害物最高容许浓度。为此，必须有通风、排毒装置。实验室排出的少量有害气体，可容许直接放空，根据安全要求放空管不应低于附近房顶3m，放空后被空气稀释。废气量较多或毒性大的废气一般要通过化学处理后再放空。例如，CO_2、NO_2、SO_2、Cl_2、H_2S、HF等废气应先用碱溶液吸收；NH_3用酸吸收；CO可先点燃转变成CO_2等。对个别毒性很大或者量大的废气，可参考工业废气处理方法，用吸附、吸收、氧化、分解等方法进行处理。

（2）实验室废液的处理方法

①含氰化物的废水　低浓度的氰化物废液可加入氢氧化钠调节pH为10以上，再加入高锰酸钾粉末（约3%），使氰化物氧化分解。如氰化物浓度较高，可用碱性氯化法处理，先用碱调废液pH至10以上，加入次氯酸钠或漂白粉，经充分搅拌，氰化物被氧化分解为二氧化碳和氮气，放置24h排放。应特别注意含氰化物的废液切勿随意乱倒或误与酸混合，否则可能发生化学反应，生成挥发性的氰化氢气体逸出，造成中毒事故。

②含汞的废弃物　散落于地面难以收集的微小汞珠应撒上硫黄粉，使其化合成毒性较小的硫化汞，或喷上用盐酸酸化过的高锰酸钾溶液（每升

高锰酸钾溶液中加5ml浓盐酸），过1～2小时后再清除，或喷20% $FeCl_3$ 水溶液，干后再清除干净。特别应当指出的是，$FeCl_3$ 水溶液为对汞具有乳化性能，并同时可将汞转化为不溶性化合物的一种非常好的去汞剂，但金属器件（铅质除外）不能用 $FeCl_3$ 水溶液除汞，因金属本身会受这种溶液的作用而损坏。如果室内的汞蒸气浓度超过0.01mg/m³，可用碘净化，即将碘加热或自然升华，碘蒸气与空气中的汞及吸附在墙上、地面上、天花板上和器物上的汞作用生成不易挥发的碘化汞，然后彻底清扫干净。实验中产生的含汞废气可导入高锰酸钾吸收液内，经吸收后排出。含汞废液的处理，可先将废液调pH为8～10，加入过量 Na_2S，使其生成HgS沉淀，再加入 $FeSO_4$ 作为共沉淀剂，生成的FeS沉淀将悬浮在水中难以沉降的HgS微粒吸附而共沉淀，然后静置、分离或经离心过滤，清液可排放，残渣可用焙烧法回收汞或制成汞盐。

③含铅、镉废液的处理　镉在pH高的溶液中能沉淀下来，对含铅废液的处理通常采用混凝沉淀法、中和沉淀法。可用碱或石灰乳将废液pH调至8～10，使废液中的 Pb^{2+}、Cd^{2+} 生成 $Pb(OH)_2$ 和 $Cd(OH)_2$ 沉淀，加入硫酸亚铁作为共沉淀剂，沉淀物可与其他无机物混合进行烧结处理，清液可排放。

④含铬废液的处理　铬酸洗液经多次使用后，Cr^{6+} 逐渐被还原为 Cr^{3+}，同时洗液被稀释，酸度降低，氧化能力逐渐降低至不能使用。此废液可在110～130℃下不断搅拌，加热浓缩，除去水分，冷却至室温，边搅拌边缓缓加入高锰酸钾粉末，直至溶液呈深褐色或微紫色（1L加入10g左右高锰酸钾），加热至有二氧化锰沉淀出现，稍冷，用玻璃砂芯漏斗过滤，除去二氧化锰沉淀后即可使用。含铬废液中加入还原剂，如硫酸亚铁、亚硫酸钠、二氧化硫、水合肼或者废铁屑，在酸性条件下将 Cr^{6+} 还原为 Cr^{3+}，然后加入碱，如氢氧化钠、氢氧化钙、碳酸钠、石灰等，调节废液pH，使 Cr^{3+} 形成低毒的 $Cr(OH)_3$ 沉淀，分离沉淀，清液可排放。沉淀经脱水干燥后或综合利用，或用焙烧法处理，使其与煤渣和煤粉一起焙烧，处理后的铬渣可填埋。一般认为，将废水中的铬离子形成铁氧体（使铬镶嵌在铁氧体中），则不会有二次污染。

⑤一般有机废水的处理　实验过程中产生的高浓度有机废水能够回收再利用的尽量集中收集，统一处理，循环使用。无法回收的有机废液一般可以采用焚烧法、活性炭吸附法、溶剂提取法、氧化分解法、水解法以及生物化学法等进行处理。

(3) 废渣的处理　废渣主要采用掩埋法。有毒的废渣必须先进行化学处理后深埋在远离居民区的指定地点，无毒的废渣可直接掩埋，掩埋地点应有记录。实验室废弃物虽数量较少，但危害很大，必须引起足够重视。实验室对实验过程中产生的废弃物，必须进行有效的处理后方能排放。

（摘自侯德顺，钟红梅撰写的化学实验室常见废弃物的处理，发表于《河北化工》第 32 卷第 5 期。）

化学实验室曾经发生过的事故

◆踩到跌落地上的氯酸钾而着火。

◆用有机质匙子将二乙酰过氧送去称量的过程中发生着火。

◆将过氧化氢浓溶液密封贮存的过程中塞子飞出，过氧化氢溢出而着火（用透气的塞子较好）。

◆用硅胶精制二特丁基过氧化物，于布氏漏斗过滤时，发生爆炸（因在过滤板上析出过氧化物之故）。

◆用过氧化氢制氧气时，一加入二氧化锰即急剧起反应而使烧瓶破裂。热的浓硝酸溅到衣服而引起着火。

◆将渗透浓硫酸的破布与粘有废油的破布丢弃在一起而着火。

◆装有热的浓硫酸的熔点测定管发生破裂，浓硫酸沾到手上而烧伤。

◆装有黄磷的瓶子，从药品架上跌落，洒出黄磷而着火。

◆铝粉着火时，用水灭火，火势反而更猛烈。

◆将熔融的黄磷倒入水中制成小颗粒时，烧杯倾斜，洒出黄磷而引起着火，并烧着衣服，致使烧伤。

◆将盛有经溶剂稀释的三乙基铝的瓶子，放入纸箱搬运的过程中，瓶子破裂发生泄漏而引起着火。

◆在滤纸上洗涤还原性镍催化剂后把滤纸丢入垃圾箱中而引起着火。

◆在通风橱内，用 $LiAlH_4$ 进行还原反应，于放有 $LiAlH_4$ 的烧瓶中加入乙醚时着火。

◆乙醚从贮瓶中渗出，由远离2m以外的燃烧器的火焰引起着火。

◆正在洗涤剩有少量乙醚的烧瓶时，突然由热水器的火焰燃着而引起着火。

◆将盛有乙醚溶液的烧瓶放入冰箱保存时，漏出乙醚蒸气，由冰箱内电器开关产生的火花引起着火爆炸，箱门被炸飞（乙醚之类物质要放入有防爆装置的冰箱内保存）。

◆焚烧二硫化碳废液时，在点火的瞬间，产生爆炸性的火焰飞散而烧伤（焚烧这类物质时，应在开阔的地方，于远处投入燃着的木片进行点火）。

◆蒸馏甲苯的过程中，忘记加入沸石，发生暴沸而引起着火。

◆将剩有有机溶剂的容器进行玻璃加工时，引起着火爆炸而受伤。

◆把沾有废汽油的东西投入火中焚烧时，产生意想不到的猛烈火焰而烧伤。

◆用丙酮洗涤烧瓶，然后置于干燥箱中进行干燥时，残留的丙酮气化而引起爆炸。干燥箱的门被炸坏飞至远处。

◆将经过加热的溶液，于分液漏斗中用二甲苯进行萃取，当打开分液漏斗的旋塞时，喷出二甲苯而引起着火。

◆将润滑油进行减压蒸馏时，用气体火焰直接加热。蒸完后，立刻打开减压旋塞，于烧瓶中放入空气时发生爆炸。

◆将油浴加热到高温的过程中，当熄灭气体火焰而关闭空气开关时，突然伸出很长的摇曳火焰而使油浴着火（熄灭气体火焰时，要先关闭其主要气源的旋塞）。

◆对着火的油浴覆盖四氯化碳进行灭火时，油沸腾，致使着火的油飞溅使火势扩大。

◆在蒸馏硝化反应物的过程中，当蒸至剩下很少残液时，突然发生爆炸（因在蒸馏残物中有多硝基化合物存在）。

◆用乙醚进行萃取操作，然后把由萃取液蒸去乙醚而得到的物质，放在烘箱里加热干燥时发生爆炸，烘箱的门被炸碎。

◆将四氢呋喃进行蒸馏回收时，用剩下残液的同一烧瓶蒸馏数次，即发生爆炸（因生成乙醚和四氢呋喃的过氧化物之故）。

◆当拔出30%浓度的过氧化氢试剂瓶的塞子时，会发生爆炸。

◆误认为充有氯气的钢瓶空了，但当打开阀门时，喷出大量氯气而中毒。

◆将丙烯与氨的混合气体进行加压反应的过程中，发现阀门有少量漏气。在修理过程中，泄漏增大，以致不能进行修理并中毒（在加压情况下进行修理很危险）。

◆于自制的容器中填充氨气，用帆布包裹，在搬运过程中，由于容器的焊缝破裂，冲出氨气而冻伤，并且呼吸器官也受到损害。

◆直接闻到溶解在反应生成物中未起反应的氨的臭味而摔倒、受伤。

◆长时间吸入氯气、硫化氢及二氧化硫等的低浓度气体后，心情烦躁，并感到头痛、恶心。

（摘自 http：//bbs. instrument. com. cn）

知识链接

化学实验室的安全防护与急救措施

1. 实验室安全防范措施

（1）防火防爆的基本措施　实验室中需要经常使用易燃、易爆以及强氧化性的试剂、气体等，同时经常需要进行加热、灼烧、蒸馏等实验操作，随时存在着火、爆炸的可能。

①控制易燃、易爆物质的使用。在满足实验、研究的条件下，尽量不用或少用化学危险品。特别是在选择有机溶剂时，尽量选用火灾、爆炸危险性低的替代品。

②加强容器设备的密闭性，不能用开口或破损容器盛装易燃物质，容积较大而没有保护装置的玻璃容器不能贮存易燃液体，不耐压的容器不能充装压缩气体和加压液体。

③通风后可燃物质在空气中的浓度一般会少于或等于爆炸下限的四分之一，因此要加强通风。

④不得用带有磨口塞的玻璃瓶盛装爆炸性物质；盛放化学危险品的容器必须清洗干净，以免与其他异物发生反应；使用惰性气体降低空气中氧的含量是防火防爆的基本原理，使用干燥爆炸性物质，应在惰性气体保护下进行。

⑤加强化学危险品的安全管理。

a. 化学危险品必须贮存在专用仓库，应根据其危险特性与物性分类存放，不能混存。

b. 易燃易爆的实验操作应在通风橱内进行，操作人员必须穿戴相应的防护器具。实验完毕及时销毁残存的易燃易爆物，并按规定处理三废。

c. 实验室废液不能随便倾倒与互混，有机溶剂会随水流而挥发并与空气形成爆炸性混合气体。

⑥消除点火源。

a. 尽量不使用明火对易燃液体加热，可采用过热水蒸气、密封电炉或其他加热设备。

b. 易燃物不得存放在火焰、电加热器或其他热源附近。工作完毕，立即关闭所有热源。

c. 避免摩擦和冲击。

d. 防止电气火花。

e. 实验室内严禁吸烟。

f. 实验室用的电热板、电炉、烘箱等放在木制台面上时必须用耐火材料衬垫。

⑦采取正确灭火方法。灭火的基本原则是破坏形成燃烧的3个条件，基本方法：隔离法、冷却法、窒息法、化学中断法。

另外，火灾发生后，除积极灭火外，还要限制火势蔓延。如无法及时灭火或阻止其蔓延，应进行疏散以减少财产的损失和人员的伤亡。

(2) 防中毒的基本措施　大多数化学药品都有不同程度的毒性。有毒物质进入人体的途径有3种，即皮肤、消化道和呼吸道。为了预防和避免在实验室内使用毒性物质时的偶然中毒，最根本的一条是一切实验工作都应遵守安全规章制度，严格操作规程。

①严禁在实验室内饮食，严禁将实验器皿做饮食工具使用。

②用嗅觉检查样品时，只能拂气入鼻，稍闻其味即可，绝不可对瓶口猛吸，严禁以鼻子接近瓶口鉴别。

③工作人员在实验前应熟悉有毒物质的各种性状（包括毒物性质、最高允许浓度、中毒的途径、中毒症状等）和解毒的方法。

④使用有毒气体和可能产生毒性蒸气的实验必须在通风橱中进行。

⑤凡对有毒物质进行操作时，必须采取必要的措施，如穿工作服、戴防护用具等。皮肤有伤口者不允许操作有毒物质。

⑥绝大多数有机溶剂具有毒性，如果实验允许，尽量选用毒性较弱的溶剂。

⑦毒物废渣应立即进行无害化处理或者密封并统一处置。有毒废液经解毒后，用水稀释后倒入废液桶内，统一处置。

(3) 防触电的基本措施

①非专业人员不得对电路进行更改。实验室要常备试电笔。

②水可以导电，保持带电体干燥且在干燥的环境中使用电器。

③避免接触或靠近电压高、电流大的带电或通电物体。

④使用电器前，要先参考说明书，准确掌握使用方法并了解注意事项。

⑤长期搁置的电器设备应定期维护。

⑥根据电路的实际用量来选择适当的保护设备、保险丝、开关。

⑦各种电器应绝缘良好并接地线。对高电压、大电流的设备，确保接地电阻符合规范。

⑧发生火灾时，应先切断电源，然后进行灭火。

(4) 防化学烧伤与玻璃割伤的基本措施　高温物质、过冷物品、腐蚀性化学物质以及火焰、爆炸、电、放射性物质均可能导致烧伤。割伤包括由玻璃、金属器械造成的伤害。

①取用腐蚀性刺激药品，如强酸、强碱和溴水等，应戴上橡皮手套和防护眼镜等。

②必须采用特制的虹吸管移出危险液体，并采取相应的防护措施（如佩戴防护镜、橡皮手套和围裙等）。

③稀释硫酸时，必须在耐热容器内进行，并且在不断搅拌下，慢慢地将浓硫酸加入水中。绝对不能将水加入到浓硫酸中。

④加热化学药品时，必须平稳放置，瓶口不能对准人或设备。

⑤取下正在沸腾的液体时，需夹稳并摇动后再取下，防止液体爆沸伤人。

⑥切割玻璃管（棒）及进行瓶塞打孔时，易造成割伤。截断玻璃管时，要用布包裹住玻璃管再折断。往玻璃管上套橡胶管时，用水或甘油湿润管外壁及塞内孔，并戴好手套，以防玻璃破碎割伤手部。

⑦装配或拆卸玻璃仪器装置时，要戴手套作业。

2. 实验室事故的急救措施

（1）化学药品中毒时的急救措施　当发生急性中毒时，现场初步处理具有重要意义。尽快阻止有毒物质继续发生作用，尽可能驱除侵入的毒物，将毒物或毒物在人体内的转化产物中和或无毒化处理，提高人体对毒物的抵抗能力，是急性中毒初步处理的原则。带共性的主要措施如下。

①立即报警并说明情况，同时将中毒者迅速从中毒环境中转移至空气流通处。

②解开所有妨碍呼吸的衣服，若衣服已被毒物污染，应立即脱去，并注意保暖。

③如腐蚀性物质已溅入眼内或灼伤皮肤，应立即用大量的水冲洗，越快越好。

④如中毒者呼吸微弱或已停止，应迅速进行人工呼吸。

⑤服用润湿的活性炭，对任何毒物中毒都有效果。

（2）化学烧伤和玻璃割伤的急救措施

①如强酸溅在皮肤上，先用大量的水冲洗，然后用5%碳酸氢钠溶液洗涤。氢氟酸灼伤时，先用大量冷水冲洗直至伤口表面发红，然后用5%碳酸氢钠溶液洗，再以甘油与氧化镁（2:1）悬浮液涂抹，用消毒纱布包扎。

②强碱溅在皮肤上，先用大量的水冲洗，再用2%硼酸或2%乙酸

冲洗。

③溴灼伤，先用大量水冲洗，再用体积比为1∶1∶10的氨水溶液、松节油和乙醇的混合液洗涤，包扎。

④酚灼伤，大量水冲洗后，再用体积比为4∶1的70%乙醇与1mol/L的氯化铁混合液洗涤、包扎。火伤时，在现场立刻进行冷却处理。在医生到达之前，用15℃左右的冷却水连续冷却。并采用氯苯双胍己烷（洗必泰）或硫柳汞溶液进行消毒。最后，在伤处涂上烫伤药。发生大面积烧伤时，应立刻送医院治疗。冻伤时，把冻伤部位放入40℃（不要超过此温度）的热水中浸30分钟左右。待恢复到正常温度后，需把冻伤部位抬高，不包扎。也可饮适量酒精饮料暖和身体。割伤时，首先要止血（先除去伤口内的玻璃碎片），一般可直接压迫损伤部位进行止血。3%过氧化氢（双氧水）将伤口周围擦干净，再涂碘酒、紫药水，撒上消炎粉后包扎。若情况严重，做上述简单处理后，立即就医治疗。

（3）触电事故的急救措施

①迅速切断电源。如果无法切断电源，利用干木条或绝缘橡皮手套等材料，迅速将触电者拉离电源。

②将触电者迅速转移至附近适当的场所，解开衣服，使其全身舒展。

③如果触电者处于休克状态，并且心脏停跳或呼吸停止时，要立即施行人工呼吸或心脏按摩。

④不管有无外伤，都要立刻送医院进行处理。

（摘自周继香撰写的化学实验室的安全防护与急救措施，发表于《安全、健康和环境》2006年第6卷第4期。）

二、实践教学内容

实践教学应突出产学结合特色，培养学生实践技能，与国家职业技能鉴定接轨，把教学活动与生产实践、社会服务、技术推广及技术开发紧密结合，把职业能力培养与职业道德培养紧密结合，保证实践教学时间，培养学生的实践能力、专业技能、敬业精神和严谨求实作风。实践教学体系主要由基本技能训练、职业技能训练、职业综合实践等组成。

1. 基本技能训练

结合相关素质课程教学进行课内实验或训练，通过计算机应用基础、制药识图、专业基础化学、药用有机化学、药物化学、药物分析技术等课程的技能训练，使学生具有较强的动手能力，为学生掌握各项专业技能奠定基础。鼓励学生参加工艺性、设计性、综合性实验以及科研活动。

2. 职业技能训练

结合相关职业技术课相对应的技能训练课程，培养学生的职业素质和职业技能，主要有：军事技能训练、计算机等级考试上机实训、化学制药实训、制药设备实训、制药单元操作技术实训等课程。

3. 职业综合技能实训

开设职业综合技能训练课程培养学生对各项单项技能的综合运用，提升学生的职业综合能力。要以企业产品、项目、案例等为载体，进行生产性、模拟性仿真性的实训，进一步提高学生的技能水平。如化学制药技术岗位综合实训、药物制剂技术岗位综合实训、职业技能鉴定实训等，组织学生参与校内外、企业、行业及政府部门开展的职业技能竞赛，训练学生的综合能力。要努力营造企业环境，培养学生的职业感觉，强化训练效果。

4. 职业综合社会实践

认识实习与顶岗实习是学生在真实的工作环境中进行技能训练和素质养成的重要环节，认识实习一般安排在新生入学以后进行，顶岗实习一般安排在最后学期，以实现实习与就业相结合。

5. 毕业考核

毕业考核方式有毕业论文、毕业设计、毕业实习报告、毕业综合实验、技能鉴定等，是对学生学习效果的综合考核，可按照各校的办学特色以及专业人才培养方案选择方式和安排时间。社会实践：通过组织学生参加勤工俭学、公益劳动、社团活动、假期社会实践活动和课外志愿者活动等，提高学生综合素质。

三、校内实训基地

1. 基础分析化学实训室

主要承担的课程是专业基础化学。

2. 药物合成实训室

主要承担的课程是药物化学、化学制药技术。

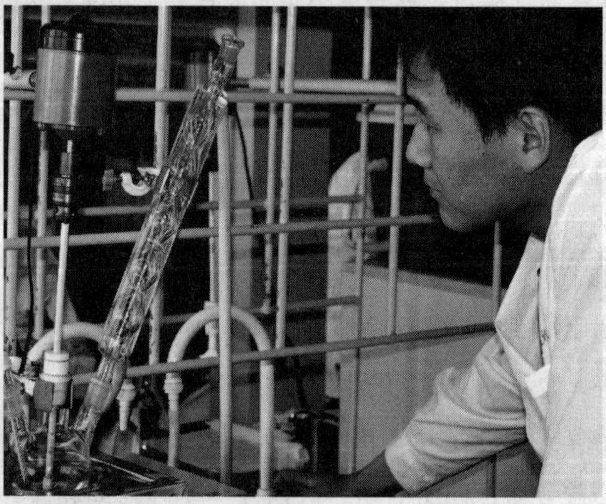

3. 化工制药设备模拟实训室

主要承担的课程是制药单元操作技术。

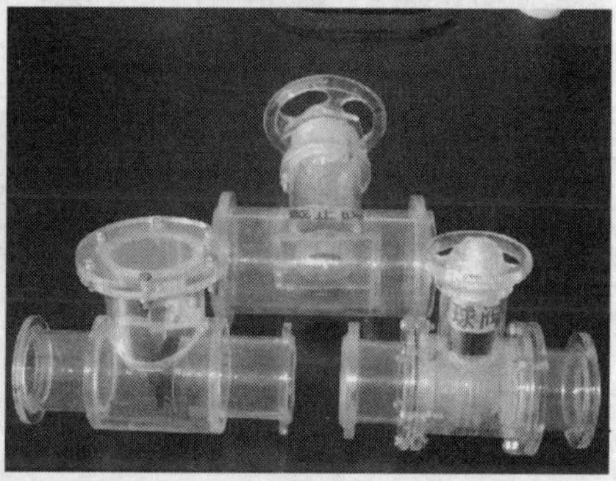

4. 制图室

主要承担的课程是制药识图。

5. 有机化学实训室

主要承担的课程是有机化学。

6. 药物制剂技术实训室

主要承担的课程是药物制剂技术。

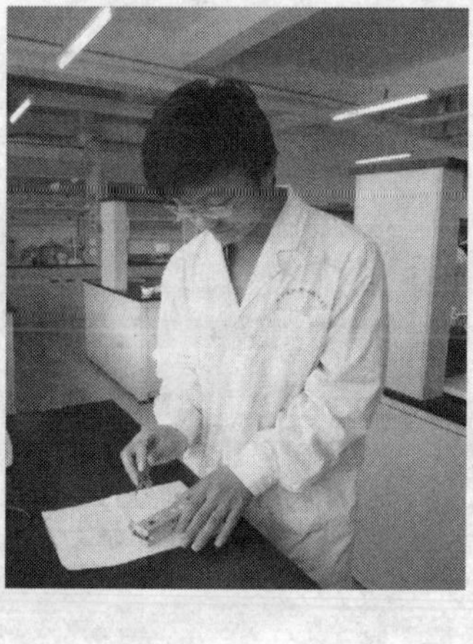

7. GMP 车间

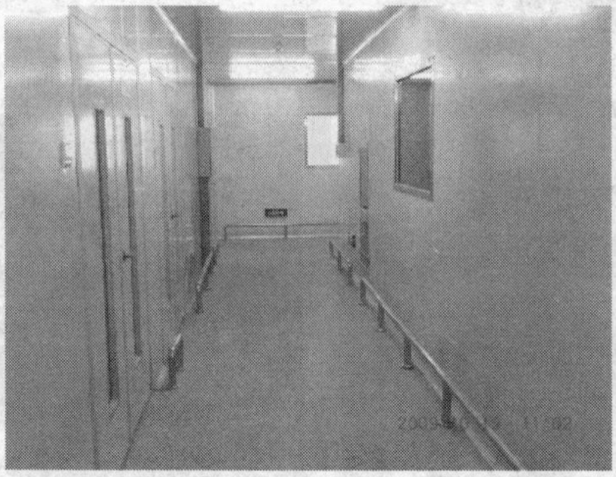

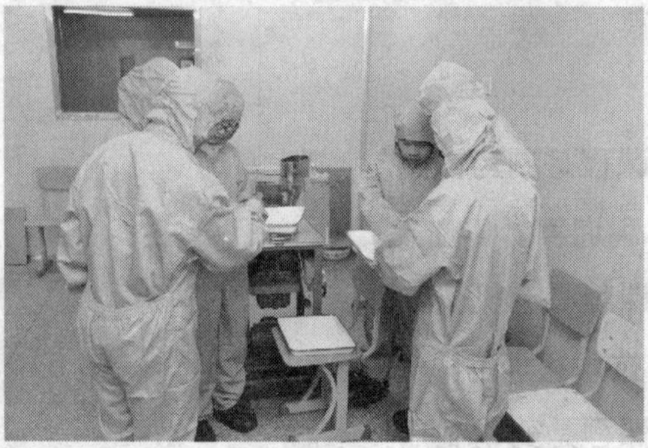

8. 原料药制备实训基地

主要承担的课程是化学制药技术综合技能训练。

四、校外实训基地

化学制药技术专业目前已建立的校外实训基地有以下几个。

（1）天津医药集团津康制药有限公司实训基地。

（2）天津市中央药业有限公司实训基地。

（3）天津力生制药股份有限公司实训基地。

（4）天津太河制药有限公司实训基地。

（5）天津药业集团有限公司实训基地。

（6）天津市金耀集团等多家企业。

安排化学制药技术专业学生到上述公司、基地进行跟班实训，教师不定期到各企业进行现场教学。

模块三　行业好，发展有潜力

生物医药产业是当今世界竞争最激烈的高新技术产业之一，在欧美日等发达国家，医药工业是第四大创利产业。也是世界贸易增长最快的朝阳产业之一。20 世纪 70 年代，世界医药产业产值年均增长 13%，80 年代为 8.5%，90 年代为 7.5%，2001 年～2010 年间维持在 7% 左右。自改革开放以来，我国医药业产值年均增长率在 16.6% 左右，“八五”期间是发展最快的 5 年（年均增长率为 22%），“九五”期间仍保持了较高的发展速度（年均增长率为 17%）。我国制药业总体规模在国民经济 36 个行业中排在 18 位～20 位，属于中等水平。2001 年，我国医药工业总值为 2770 亿元，占我国 GDP 的 2.9%；2002 年，我国医药工业总值为 3300 亿元，占我国 GDP 的 3.2% 左右。医药行业整体呈现出良好的发展趋势。

任务一　生物医药产业发展与区域分布

一、国际生物医药产业发展状况

从广泛意义上讲，所有涉及化学制药、传统制药、生物技术制药、基因工程制药、生物医药工程、医疗仪器等产业都属于生物医药产业。

近年来，竞争、动荡，兼并和重组成为国际医药产业发展的新趋势，通过这种兼并来形成跨国制药集团，实现较大程度的垄断经营。

全球制药集团公司在运作和经营上有两个明显特点：一是有自己的专利产品，二是跨国经营。大制药公司通过与发展中国家的医药公司进行合作，利用价格优势和药物资源丰富以及劳动力价格便宜的优势，结合自身的研究开发优势，扩大合作范围，使自己的产品更稳固地占领市场。再加上，近年来许多国家的政府，特别是美国政府，纷纷制定相关的政策与措施以压缩巨大的医疗保险费用。在这种国际的大环境下，跨国制药集团为了更加具有全球的竞争性而进行了大联合，其大联合的主要原因有如下几点：市场的兼并，技术的占有，人员的优化，成本的降低。

新的合并形式的出现，新的合作关系的建立，将使医药的全球化经营更加明显，大的制药公司的实力越来越强。世界前 25 名的制药公司在 1994 年占有世界处方药份额的 43%，1995 年排名前 25 名制药公司销售额为 1444.1 亿美元，已占全球 2660 亿美元处方药市场的 63.91%，而全球未来的十几年中将迅速形成 50 家巨型制药集团，未来世界医药市场的 80% ~90% 份额的处方药市场就将由这 50 家跨国制药集团所控制。新药上市后的全球性经营活动，促使欧美各国政府制定统一的药品标准，迄今为止，已召开了三次人用药品注册技术要求协调会（ICH），其目的是协调世界各国的新药开发步伐，用共同的标准来进行评价。为此，世界卫生组织（WHO）正在着手制定全球统一的 GLP、GCP、GMP、GSP，以便为新药国际化创造更好的条件，奠定更坚实的基础。

国外生物工程与基因工程技术在医药领域的产业化。利用 DNA 重组的方法来将已知基因连接在一个特定的载体上，并通过该载体将这个基因导入靶细胞（可能是细菌、细胞株或人体组织的特定细胞）内，从而使之得以表达。表达所产生的基因产品可以通过细菌发酵或细胞扩增的方法来生产该基因所决定的蛋白，如促血红素。若基因表达直接发生在人体特定的靶组织细胞内，从而达到治疗的目的，那就是基因治疗。生物工程新产品就是通过基因技术或其他生物技术（酶工程、蛋白质工程、发酵工程、杂交瘤技术等），生产出具有治疗或临床检验作用的产品。

生物医药产业是涉及多学科、多领域的高技术产业，各类技术之间的相互交叉、渗透和结合的力度极强，因此，医药产业“开发期长、高投入、高风险和高效益”的特征尤为显著。据美国制药商协会的资料显示，一种新药从临床前试验到 FDA 批准，平均需要 10 ~ 12 年。从研究开发费用看，医药产业远远高于其他产业，一些发达国家投放新药研制的费用仅次于国防科研费用，如美国1993年达106.5亿美元，占全部科研费用的14.6%。名列前10名最大公司一年投入研究与开发的费用平均占销售总额的15%~20%。过去成功开发一种新药只需数千万美元，而现在增加到2.5亿~3.5亿美元。近年来，由于欧美国家纷纷改革医疗保险制度，严格限制药品价格和生产经销商的利润，限制某些药品使用，鼓励使用廉价的通用名药等，促使企业不能通过自由定价来弥补日益增加的研究开发费用和效益减少。一个既能保持足够研究费用的投入又能降低公司开销的方法，就是通过合作来增加研究与开发的效益。而医药产业由于开发的成功率低，使投资风险增加。上市的新产品中，5个中仅有1个可能盈利。据统计，医药产品从早期的开发到销售，欧洲的成功率为4317:1，美国为6155:1。近几年由于新药临床试验时间和新药评审时间延长，又使新药开发的风险增加。只有通过研究与开发的紧密合作，新药研制开发的成功率才能提高，新药开发的风险才能降低。总之，研究与开发紧密合作的原因和重要性概括起来有如下几点：科技发展的需要，时间竞争的需要，降低研究的成本，自身能力的限制。

2009~2014年，将有近2500亿美元的专利药失去专利保护，其中很多药品都是国际原研药企业的支柱产品，我们估测药品专利到期将贡献仿制药市场年均12%增速。目前美国仿制药销量占比已经高达68%，加拿大，德国和英国仿制药销量占比也都在60%以上，日本政府决定将仿制药的处方量比例提高到40%。预计未来各国政府，保险机构将继续推行鼓励使用仿制药政策，全球仿制药市场仍将快速增长。另一方面，相对化学药而言，目前生物仿制药市场规模小且高度分散，随着生物仿制药政策，特别是美国政策放开，预测全球生物仿制药市场将年均增长89%，2014年达到194亿美元。

二、国内生物医药产业发展

1. 生物医药产业在我国发展迅猛

生物医药产业在中国医药产业的发展史上是一个起步较晚但发展较快的产业。目前我国内地有医药工业企业3000多家，其中化学制药企业2200多家，中药制药企业700多家，而生物工程制药企业数量也在快速增加。随着生物技术不断发展，人们对新药的需求不断增加，一个以生物技术等相关高新技术（包括：生物技术和基因技术，新型制药工艺与方法，新剂型的研制等）为主的产业，日益发展壮大，并逐渐成为一个独立的、对国民经济起着举足轻重作用的新型产业。该产业的发展必将为我国的传统制药工业提供许多必需的新技术和新方法，从而促使我国的传统制药工业进行第二次创业。

2. 生物医药区域分布

中国生物医药产业集群已初步形成以长三角、环渤海为核心，珠三角、东北等东部沿海地区集聚发展的总体产业空间格局。批准设立国家级生物产业基地的省市已达到21个，主要分布在环渤海与长三角地区。其中，环渤海地区有9家基地，长三角地区有6家基地，分别占东部沿海基地总数的53%与35%。未来中国生物医药产业空间演变将呈现出三大趋势：①区域不平衡发展将进一步凸显，东部沿海地区仍将是发展的重心，与中西部差距将持续拉大；②地域分工更加明显，研发要素将进一步向上海、北京集聚，制造环节加速向江苏、山东集聚；③热点区域将不断涌现。深圳、武汉、长沙快速发展，太原、厦门、兰州等区域中心城市将成为新兴热点。

3. 生物医药产业板块分布

目前，中国生物医药产业集群化分布进一步显现，已初步形成以长三角、环渤海为核心，珠三角、东北等中东部地区快速发展的产业空间格局。此外，中部地区的河南、湖南、湖北，西部地区的四川、重庆也已经具备较好的产业基础。

任务二　认识生物医药龙头企业

天津生物医药产业规模不断扩大，创新能力持续提升，产业整体实力显著增强，是天津的三大支柱产业之一。2010年工业总产值达到273.35

亿元，成为全国重要的生物医药产业基地和中药现代化科技产业基地。天津滨海新区依托京津冀地区丰富的科技人才资源，大力促进生物医药项目的研发、中试和产业化，建设高水平的研发转化基地。新区重点规划了 $10km^2$ 的京津冀生物医药产业化示范区，将在5年内投资100亿元，建设符合国际标准的生物医药产业基础设施和产业孵化平台，推进100项生物医药研发转化重大项目，聚集100家左右企业和研发机构，吸引200名海内外创新创业人才，最终带动并形成500亿元的产业规模。

为加速生物医药产业项目聚集，滨海新区筹备设立50亿元的“生物医药产业发展基金”，支持滨海新区生物医药企业发展。大力促进国内外生物医药领域知名企业、研发机构聚集，吸引并扶持具有自主知识产权和国际竞争力的生物医药产品研发与产业化项目。天津市科委每年将安排不低于1亿元的生物医药研发转化专项资金，用于支持新药研发与转化，并根据不同研发阶段及项目规模，安排资助额度最高达1000万元的补贴。目前，滨海新区已经聚集了包括葛兰素史克、诺和诺德、诺维信等大型生物医药制造企业，中新药业、金耀集团等传统中医药生产企业，国家生物医药国际创新园、美国亚历山大公司等生物医药孵化器，哈娜好、美国德普等医疗器械企业100多家，产业规模近100亿元，年均增长率接近40%。在扶持企业发展的同时，滨海新区加快国家级、省部级重大研发转化项目建设，促进更多科技成果向现实生产力转化。

以部市共建“国家生物医药国际创新园”、“天津国际生物医药联合研究院”为契机，军事医学科学院、中科院工业生物技术研发中心、国家干细胞工程技术研究中心等一批高水平“国字号”研发机构相继落户天津，以滨海新区为核心的“京津冀生物医药产业化示范区”加快建设。目前，全市已拥有5个国家级重点实验室、8个国家工程（技术）研究中心、4个国家级企业技术中心和一批产业化基地，建成了国家级综合性创新药物研究开发技术大平台。

天津积极培育和引进了一批国内外知名生物医药企业，拥有天津医药、金耀、天士力、天狮等一批大型企业集团，同仁堂、达仁堂、乐仁堂、隆顺榕四大中药老字号，药明康德、凯莱英等一批新兴的服务外包企业，以及葛兰素史克、诺和诺德、诺维信等36家跨国医药企业。进入全国医药十强企业1家，二十强企业3家，百强企业4家。天士力是国内首个完成美国食品药品监督管理局（FDA）药品Ⅱ期临床试验的药品生产企业，组建了“现代中药国际化产学研联盟”，成为带动我国中药国际化的领军者。天狮集团成为我国规模最大的保健品生产销售企业，产品行销全球200多个国家和地区。

天津加快建设以“一园两院一区”为载体的滨海高新区生物医药产业基地，引导优势产业资源，特别是承载研发及产业化高端环节的企业向创新园聚集，形成以跨国公司、国内医药龙头企业和科技型中小企业为主体的生物医药产业集群，建设集技术支撑、企业孵化、产业发展、服务外包为一体，涵盖化学制剂、原料药、生物制药、中药、医疗器械等领域，国内最大、世界知名的生物医药创新和产业化基地，带动天津乃至环渤海地区生物医药产业加快发展，推进生物医药产业国际化进程。大力发展高端化学药物、生物制品和现代中药，选择发展低污染、低能耗和高附加值配套原料药和医用材料，积极推进高附加值医疗器械、诊断疫苗产业发展，推进产业高端化。加快产业、产品和工艺创新，扩大专利申请，积极参与国际、国内标准制定，壮大一批大品种国内品牌，培育世界品牌，推进产业高质化。加快建设并完善商贸流通和服务外包等产业链重点环节，鼓励发展医药产品的流通、商业、外包以及与之相关的金融、中介、咨询、会展等服务行业，推进产业多元化。

天津医药目前整体发展方向：重点推进化学药物新产品和新制剂的产业化，大力发展治疗心脑血管、肿瘤和糖尿病的新型药物，发展头孢类、培南类抗生素和抗艾滋病原料药，力争使抗艾滋病原料药产量达到全球市场的三分之一，使头孢类抗生素药物工业产值占全国产值的50%。发展重点：巩固“三素一酸”优势，继续保持皮质激素、地塞米松、维生素等原料药生产领先地位，加快原料药和制剂一体化发展，加强高附加值的化学药物剂型改造研究。积极争夺心血管领域和抗肿瘤领域仿制药市场，集中引进国外专利到期仿制药，提高仿制药研发和审批速度。独立开发具有知识产权的植物类、血管内皮抑制素类抗肿瘤药物及原料药。加快解热镇痛类、感冒咳嗽抗过敏类及消化类非处方药物的更新换代速度，逐步抢占国内市场。

一、天津津康制药有限公司

天津医药集团津康制药有限公司是由天津医药集团和天津中新药业股份有限公司共同出资，于2003年4月兴建的大型国际化头孢类药物生产基地，坐落于天津大港石化产业园区，占地13.79万m^2，总投资4亿元，建筑面积达3万m^2。主要产品为第三代，第四代头孢类药物中间体、原料药和制剂及降糖类、维生素类原料药等。头孢类中间体包括GCLE、7-AVCA，其中GCLE畅销印度等国际市场；原料药包括头孢地尼、头孢克肟、核黄素磷酸钠、格列本脲等；核黄素磷酸钠在日本等市场供不应求。公司制剂头孢地尼、头孢克肟、注射用盐酸头孢吡肟、注射用头孢尼西钠、注射用头孢呋辛钠等产品在国内市场独占鳌头。

公司拥有世界最长头孢类药物生产线，优质高标准的头孢类原料药，缔造高品质士瑞克、世扶尼的强势品牌。头孢地尼胶囊是全国首家生产，目前市场占有率居全国第一位，该品质量稳定、抗菌谱广、疗效显著，深受广大患者信赖。世扶尼已获得“天津市著名商标”称号，士瑞克已经成为头孢克肟胶囊的领军品牌。公司于2005年通过药品GMP认证，2007年被认定为天津市市级企业技术中心，同年经过中国医药质量管理协会的综合考核评定，被授予全国医药行业“药品质量诚信建设示范企业”称号。以“品牌津康、文化津康、特色津康、专业津康”来引导鼓励每一位津康职员继续奋斗。“浸润人生，服务健康”是津康公司的诠释。

二、天津红日制药有限公司

天津红日药业股份有限公司位于天津市武清开发区，厂区占地面积6.5万m^2，拥有药用原料、注射液、口服制剂等多品种、多剂型的生产车间及生产线。公司整体环境优雅，设备先进，全部剂型的生产车间均已通过GMP认证。

公司经营范围为小容量注射剂、硬胶囊剂、颗粒剂、片剂、原料药生产；中药提取；生物工程药品、基因工程药品、植化药品的研究、开发、咨询、服务；普通货运。公司是天津市科学技术委员会、天津市财政局、天津市国家税务局及天津市地方税务局联合认定的高新技术企业，拥有专利12项（其中发明专利9项，实用新型专利2项，外观设计专利1项），已受理发明专利30项，申请科技部、发改委及天津市科委等科研课题，包括科技型中小企业创新基金项目、国家科技重大专项、科技成果转化项目、国家高技术产业发展投资计划等，共计18项。公司拥有国家新药证书8个，药品批准文号21个。

该公司主要从事中成药以及西药的研发、生产和销售，主导产品包括血必净注射液和盐酸法舒地尔注射液等。血必净注射液是目前国内唯一经国家食品药品监督管理局批准的治疗脓毒症和多脏器功能障碍综合征的国家二类新药，治疗机制清楚，治疗效果显著，在细分市场具有垄断地位；公司拥有该药物的自主知识产权，拥有两项国家发明专利；该药物的研发和产业化获得国家发改委“国家高技术产业发展投资计划”和科技部“科技型中小企业创新基金项目”等多项支持，先后获得天津市2006年度技术创新优秀项目一等奖、中国中西医结合学会颁发的科学技术奖二等奖、天津市2007年度专利优秀奖及天津市2008年科技进步奖二等奖等奖项；2006年5月被科技部和国家保密局联合认定为“秘密级国家秘密技术”，2009年被卫生部《甲型H1N1流感诊疗方案（2009年试行版第二版）》选定为中医辨证治疗药物。

盐酸法舒地尔注射液为国家二类新药，是国内首个上市的Rho激酶抑制剂。该公司是国内第一家生产该品种原料药和注射剂的企业，并拥有4年的新药过渡期。该药品的研发和产业化获得科技部“科技型中小企业创新基金”和天津市科委“科技成果转化项目成果认定项目”等多项支持；并获得天津市2007年度技术创新优秀项目一等奖和天津市2008年科技进步奖二等奖等奖项。

该公司始终坚持“追求卓越品质，创造健康生活”的理念，在靶向学术营销的带动下业绩斐然。此外，公司还不忘回报社会，曾多次捐款捐物，取得了良好的口碑，得到了社会各界的广泛认同。

三、天津天药药业股份有限公司

天津天药药业股份有限公司系天津药业集团有限公司控股的上市公司，隶属天津金耀集团有限公司，是国家认定的高新技术企业，全国甾体激素行业协会会长单位，中国首家获得皮质激素类原料药 GMP 认证和天津市第一家全部通过国家 GMP 认证的原料药生产企业，目前亚洲最大的甾体皮质激素类药物科研、生产、出口基地。

天药股份前身是天津制药厂，迄今已有近 70 年发展历史。公司位于天津市开发区西区新业九街，总资产 25 亿元。现有员工 1400 余人，其中专业技术人员 400 多人。公司有生产车间 10 个，主要生产皮质激素类原料药、心脑血管原料药，镇痛原料药及制剂药物共 40 多个品种，年产值近 20 亿元。

天药股份凭借自身的技术实力和完善的质量管理体系，泼尼松产品通过了美国 FDA 认证，布地奈德、泼尼松龙、泼尼松、醋酸氢化可的松、甲泼尼龙、螺内酯获得了 COS 证书，同时还通过了多家跨国公司的质量审计，成为它们的合格供应商，每年出口创汇达4000 万美元以上。

天药股份在与世界强手竞争中，技术领先一步，质量高人一筹，主导产品地塞米松系列工艺技术和产品质量达到国际先进水平。成本低人一块，服务优人一等，夺回了由跨国公司占领的地塞米松国内市场，抢占了亚洲市场，开发了欧美市场。公司皮质激素类原料药年生产能力达到 200t 以上，走上了持续快速发展道路。

四、天津药物研究院药业有限责任公司

天津药物研究院药业有限责任公司成立于 1994 年，是从事医药原料药、中间体、制剂产品的工艺研发以及生产销售的专业化现代化制药公司，是天津药物研究院的重大科研成果和药物创新成果的自主产业化平台，将创新性强、技术含量高、竞争力强、市场前景好的研究开发成果进行生产转化。公司是国家精神药品的定点生产单位，也是国家重点科技创新攻关项目、国家 863 计划和火炬计划的承担单位，多次被评为天津市优

秀高新技术企业。

该公司具有先进的研究试验生产设备和精密分析检测设备，具备很强的新药科研开发能力、规模化的生产能力、规范化的质量检验能力。公司拥有专业技术能力强、科学管理能力强、市场开拓能力强的优秀团队，既有从事多年药物研究的专家，又有擅长经营及管理的人才，年轻化、专业化、朝气蓬勃、勇于开拓进取的团队给企业带来无限生机。公司经常开展对外交流，业务培训及再教育活动，使企业保持了持续发展的动力。

该公司重视新药的开发研究，积极进行新品种调研，以超前性选择品种的发展观念；重视在新产品的引进过程中充分利用国家的政策引导和计划指导，完善以自主创新为核心的高新技术产业化推进体制和机制；充分调研市场情况，制定符合市场规律的产品策划和营销方案，竭力打造企业和产品的品牌。公司已经形成了一整套完善的生产管理、市场开拓的经营模式，积极进行生产能力建设、市场渠道建设，健全营销网络，提高自主营销能力，创建自有品牌，做强重点产品，加强产品经营与资本经营运作。

该公司坚持走自主创新之路，研发具有专利保护的新药。充分发挥创新意识和创新能力强的优势，在产品创新及技术创新方面以天津药物研究院的现代化新药研究中心合作开发具有自主知识产权的创新药物。

围绕营销创新、科技创新、管理创新三大企业建设主题，调整经营策略，外拓市场，内抓管理，在行业之中“异军突起”，公司至今已形成了覆盖全国33个省会和沿海经济发达的城市的营销网络，综合经济指标在天津医药集团名列第二位。目前公司自主研发和产业化的项目包括：拥有自主知识产权的阿德福韦酯片剂、国家863重大科技项目阿加曲班注射剂、天津市重点新产品盐酸氨溴索注射剂、利培酮片剂、精神药品及国家火炬计划产品盐酸丁丙诺啡、国家重点新产品格列喹酮等，并获得天津市新技术产业园区产学研合作一等奖。以科研开发力量为技术支持，坚持走以产业和科研紧密结合的成功发展道路，不断推出新产品，保持市场竞争优势，品牌知名度和资产收益率不断提升，产品的市场占有率和销售利润稳步增加。公司全面落实“以人为本”和“全面、协调、可持续发展”的科学发展观，以科技创新为动力，优化资源配置，贯彻“科技创新，服务健康”的企业宗旨，坚持“科研与产业双轮驱动，两翼齐飞”的发展方针。公司将继续发挥产业化平台的优势，与药物研究院携手将新药的开发研究以及产业化市场化连接在一起，以不断开发高科技含量的产品作为发展方向，不断提升药物的创新能力与水平，依照“资源共享，强强联合，可持续发展”的战略目标，公司正在天津市滨海高新区建设现代化创新药物研究与产业转化基地，配备高速、高产、自动化程度高的现代化生产设备及检测仪器。公司的发展目标是提升生产能力，降低药品生产成本，加速新药试产过程，缩短投放市场周期，满足市场对新药的需求；为支持天津市新药研发需求与探索产研结合的新模式起到良好的行业示范作用；促进国内医药行业自主创新能力的提升。

高新技术产业化示范项目基地建成后将为科研成果转化创建国内领先的中试、临床样品生产条件，克服药品研发受中试制约的瓶颈，加快新产品研发步伐，提高新品上市速度，更好地实现产研互动，促进综合人才培养，在企业资源调配、高效能管理、提高自身盈利水平诸方面达到国内领先水平，缩小与国际知名制药企业的差距，完成药物研究院三位一体战略构想对公司的定位。

模块四　素质强，创业有实力

任务一　认识毕业后的升学、就业道路

化学制药技术专业的学生在毕业时获得本专业的专科学历，可以选择直接就业、进一步升学深造或者其他途径就业。

直接就业：该专业毕业生可以在原料药、中间体生产企业单位工作。经过专业拓展，还可以在药物制剂生产企业的生产、销售等岗位从事工作。

升学深造：该专业毕业生可以选择进入本科院校进一步学习深造，成绩合格后可以获得相应学历、学位。也可参加专业硕士研究生教育考试，继续获得本科以及更高层次的教育学习机会，提高学历层次，对应的专业有制药工程、药学等专业。学生毕业5年后可参加全国统一执业药师资格考试。目前进入本科院校深造的途径主要有三条：自考升本、成考升本和高职升本。除此之外，一些省市对专科毕业生升本有鼓励政策，例如，在天津市，参加技能大赛获得一等奖可以免试升本。

本专业学生毕业后，可参加高一级相应工种的专业培训，取得相应的技能等级资格。

其他途径：除了直接就业、升学深造以外，毕业生还可以自主创业或是选择参军入伍、考取公务员或选调生、参加“三支一扶”计划、“大学生志愿服务西部”计划等。

自主创业：国家鼓励和支持高校毕业生自主创业。对于高校毕业生从事个体经营符合条件的，将给予一定的优惠政策，毕业生可以向所在学校就业中心、学工部咨询。

大学生参军入伍：国家鼓励普通高等学校应届毕业生应征入伍服义务兵役，高校毕业生应征入伍服义务兵役，没有专业限制，只要政治、身体、年龄、文化条件符合应征条件就可报名应征。毕业生在服役期间享有一定经济补偿，服役期满后可在入学、就业等方面享有一定优惠政策。每年4~7月开展预征工作，毕业生可以向所在学校就业中心、学工部、人武部咨询。

公务员：应届、往届毕业生可以参加国家或地方公务员考试，两者考试性质一样，都属于招录考试，但两者考试单独进行，相互之间不受影响。国家公务员考试一般在当年底或下一年年初进行，地方公务员考试一般在3~7月进行，考生根据自己要报考的政府机关部门选择要参加的考试，一旦被录取便成为该职位的工作人员。具体政策可参看国家公务员网。

选调生：选调生是各省、区、市党委组织部门有计划地从高等院校选调的品学兼优的应届大学本科及其以上的毕业生的简称，这些毕业生将直接进入地方基层党政部门工作。我国各省份对选调对象的要求条件差别较大，专科毕业生可以根据自己的实际情况，结合选调省份对选调对象的要求，报名参加相应考试。毕业生可以向所在学校就业中心、学工部咨询。

“三支一扶”计划：大学生在毕业后到农村基层从事支农、支教、支医和扶贫工作。该计划通过公开招募、自愿报名、组织选拔、统一派遣的方式进行落实，毕业生在基层工作时间一般为两年，工作期间给予一定的生活补贴。工作期满后，可以自主择业，享受一定的政策优惠。毕业生可以向所在学校就业中心、学工部咨询。

“大学生志愿服务西部”计划：国家每年招募一定数量的普通高等学校应届毕业生，到西部贫困县的乡镇从事为期1~3年的教育、卫生、农技、扶贫以及青年中心建设和管理等方面的志愿服务工作。该计划按照公开招募、自愿报名、组织选拔、集中派遣的方式进行落实。志愿者服务期间国家给予一定补贴，志愿者服务期满且考核合格的，在升学就业方面享受一定优惠政策。毕业生可以向所在学校就业中心、学工部咨询。

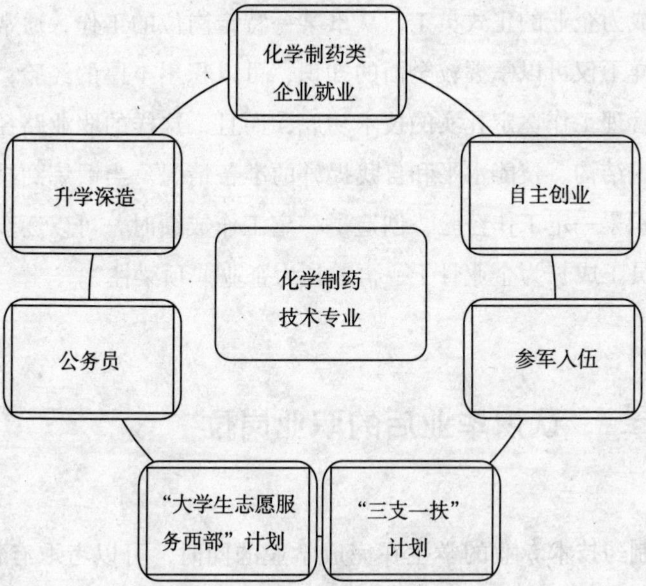

图 4－1　毕业生升学、就业道路

任务二　认识毕业后的职业道路

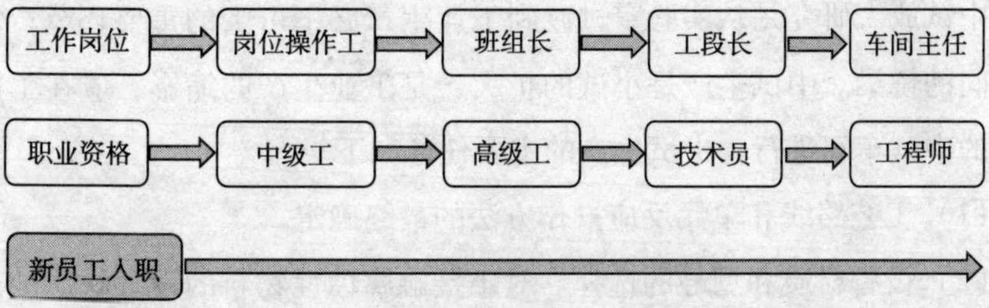

图 4－2　毕业后职业发展道路

图 4－2 所示为毕业生常规的职业道路，以顶岗实习学生或毕业生身份进入企业，从事某一岗位或轮岗工作，此时是毕业生熟悉工作岗位、工作单位的阶段。待正式毕业后，可以进入企业的试用期，成为实习员工，这一阶段仍是毕业生熟悉工作、企业和毕业生进行双向选择的阶段。试用期

结束后，成为企业的正式员工，从事某一特定岗位的工作，通常从最基层做起，这样不仅可以掌握较全面的知识，可以积累丰厚的经验，为日后从事技术或管理工作奠定扎实的技术功底，而且，这样的职业路径也符合毕业生的知识结构、技能水平和自我提升的准备情况。当锻炼到具有一定工作能力，积累一定工作经验，创造了一定工作成绩时，可以逐步晋升，逐渐从普通员工成长为企业骨干，再成长为企业“顶梁柱”。

任务三　认识毕业后的职业岗位

化学制药技术专业的学生在完成学业的同时，可以考取有机合成工、化学检验工、医药商品购销员等多个工种的中、高级职业资格证书，可以在原料药及医药中间体生产企业从事中试放大、生产操作、生产管理、质量管理等工作。经过专业拓展学习后，还可以从事药物制剂生产企业的生产操作、生产管理、质量管理以及医药商品的经营与销售等工作。

一、中试放大研究就业方向

中试放大研究是从实验室过渡到工业生产必不可少的重要环节，是二者之间的桥梁。中试生产是小试的扩大，是工业生产的缩影，应在工厂或专门的中试车间进行。中试生产的主要任务如下。

（1）工艺路线和单元反应操作方法的最终确定。

（2）设备材质和型号的选择。对于接触腐蚀性物料的设备材质的选择问题尤应注意。

（3）搅拌器型式和搅拌速度的考察。

（4）反应条件的进一步研究。

（5）工艺流程和操作方法的确定。

（6）进行物料衡算，对各步物料进行步规划，提出回收套用和三废处理的措施。

（7）原材料、中间体的物理性质和化工常数的测定。

（8）原材料中间体质量标准的制定。

（9）消耗定额、原材料成本、操作工时与生产周期等的确定。

该方向就业单位：原料药、医药中间体生产企业。

该方向主要岗位：合成、提取、分离等。

该方向课程支持：化学制药技术、制药单元操作技术、制药设备基础、化工仪表及自动化、化工生产过程安全技术、机电一体化、制药识图、药用有机化学、药物化学、GMP等课程。

二、化学原料药、中间体生产就业方向

化学原料药、中间体生产就业方向如下。

该方向就业单位：原料药、医药中间体生产企业。

该方向主要岗位：合成、提取、分离等。

该方向课程支持：化学制药技术、制药单元操作技术、制药设备基础、化工仪表及自动化、化工生产过程安全技术、机电一体化、制药识图、药用有机化学、药物化学、GMP等课程。

三、质量检验就业方向

质量检验就业方向：质量检验就业方向的毕业生可以在原料药、医药中间体生产企业中进行产品质量控制与化验检验工作，如药品中性状检查、化学鉴别、UV－Vis鉴别、IR鉴别、TLC鉴别、HPLC鉴别、GC鉴别、一般杂质的检查、特殊杂质的检查、生物检定、含量测定、抗生素微生物检定法测效价检测等。要求具有化学、分析、生物、药学等相关学科知识，同时熟练掌握实验室常用仪器设备的各项操作技能，动手能力强，具有高度责任心和刻苦钻研的精神，良好的团队协作精神，勤勉的工作态

度和务实的工作作风，善于学习和总结，有较强的自学能力。

该方向就业单位：制药企业质检部、负责药品质量检验的相关行政管理单位。

该方向主要岗位：药物检验工、微生物检定工等。

该方向课程支持：专业基础化学、医药行业卫生学基础、有机化学、药物分析技术等课程。

四、药物制剂生产就业方向

药物制剂生产就业方向的毕业生可以在药物制剂生产企业中进行制剂（如片剂、小容量注射剂、大容量注射剂、胶囊剂、滴丸剂、丸剂、软膏剂等常规剂型）的生产。

该方向就业单位：药物制剂生产企业。

该方向主要岗位：剂型生产操作工等。

该方向课程支持：药物制剂技术等课程。

任务四　学习化学制药领域的能工巧匠

随着化学制药技术的迅速发展，在我国科研院所中涌现出一大批化学制药领域的能工巧匠和杰出人才。我们并不是只能从网络、媒体中看到他们的身影，聆听他们的话语，其实，他们离我们并不远，他们就在我们的身边。通过学习企业中的能工巧匠和科研院所中的杰出人才，我们不仅可以开阔自己的视野，向他们学习先进的理论，更可以领略他们的风采，从他们的身上学习不畏困难、勇攀事业高峰的可贵精神。

人物一：黄鸣龙

黄鸣龙（1898 年～1979 年），有机化学家。江苏扬州人。1917 年毕业于江苏省扬州中学，1918 年毕业于浙江医院专科学校。1924 年获德国柏林大学化学博士学位。1925 年回国后，任浙江医药专科学校教授兼主任。

1934 年～1940 年先后在德国符兹堡大学、德国先灵药厂研究院、英国伦敦大学作访问教授。1940 年回国，任中央研究院研究员、西南联合大学教授。1945 年～1952 年，先后任美国哈佛大学访问教授、默克药厂研究员。1952 年回国后，历任中国人民解放军医学科学院化学系主任、中国科学院有机化学研究所研究员、中国科学院数学物理化学部委员、中国药学会副理事长。是第三届全国人大代表，第二、三、五届全国政协委员。1938 年开始从事甾体化学的研究。首次发现甾体中的双烯酮反应，用于生产雌激素。发现变质山道年的四个异构体在酸碱中可以成圈互相转变，由此推断出山道年及四个变质山道年的相对构型。1945 年在美国从事凯西纳－华尔夫还原法的研究中取得突破性成果，国际上称之为黄鸣龙还原法。领导了用七步法合成可的松的研究，并协助工业部门投入了生产。领导研制了甲地孕酮等计划生育药物，为建立甾体药物工业做出了重大贡献。关于甾体合成和甾体反应的研究，1982 年获国家自然科学奖二等奖。发表论文百余篇。

有机化学史上迄今唯一一个用中国人名字命名的反应：黄鸣龙还原反应！黄鸣龙还原法的基础是 Wolff－Kishner 还原法，黄鸣龙在其反应条件上进行了改良，先将醛、酮、氢氧化钠、肼的水溶液和一个高沸点的水溶性溶剂（如二甘醇、三甘醇）一起加热，使醛、酮变成腙，再蒸出过量的水和未反应的肼，待达到腙的分解温度（约 200℃时继续回流 3～4 小时至反应完成），这样可以不使用 Wolff－Kishner 法中的无水肼，反应可在常压下进行，而且缩短反应时间，提高反应产率（可达 90%）。

人物二：沈家祥

药物化学家，1921 年出生于江苏省扬州市，早年留学英国，1949 年获伦敦大学理学博士学位。同年回国参加工作。抗美援朝期间，他应征负责氯霉素生产研究，在西方封锁禁运的条件下，领导打通立足国内的新化学合成路线，首创催化氧化法生产关键中间体并大幅改进流程。20 世纪五六十年代，率先利用我国资源成功合成、生产结晶维生素 A 醋酸酯和维生素 D；指导多种甾体激素类药物的合成和投产；研究雌性酮全合成成功，为我国 19－去甲基甾体药物的工业全合成生产打下基础。文革下放期间，研究合成三烯高诺酮成功；还用全合成方法证明了鹤草酚的独特化学结构。20世纪80年代以来作为博士生导师，以丹参化学成分和包公藤甲素合成研究为题培养出4名理学博士。他共获得全国科学大会奖5项（1978年），国家发明三等奖1项（1982年）。他在20世纪90年代初创办了民办的北京市集才药物研究所，任所长，因发现阿奇霉素新晶型而获得北京市科学技术进步奖二等奖（1999年）。他曾任中科院大连化学物理研究所研究员，东北制药总厂中心实验室主任，原化工部北京医药工业研究院副总工程师，原国家医药管理局副总工程师，中国医药研究开发中心主任、名誉主任。1999年当选中国工程院院士。2001年受聘为天津大学教授、药物科学与技术学院名誉院长。现为北京集才药物研究所所长、研究员。

人物三：陈凯先

药物化学家。原籍江苏南京，生于重庆。1967年毕业于复旦大学。1982年和1985年在中国科学院上海药物研究所先后获得硕士和博士学位。中国科学院上海药物研究所研究员、所长。主要从事计算机辅助药物分子设计研究。进行有机小分子和生物大分子的结构和生物活性之间关系的研究，有活性的有机小分子结构预测和设计。提出了计算机药物和受体疏水作用力场三维分布的数学模型和药物构象研究的方法，发展了药效基团的搜寻方法，建立了利用计算机构建具有结构多样性的分子库和模拟筛选的方法，并应用于多种抗肿瘤药物与核酸相互作用的研究。开发了基于药物与受体三维结构的药物设计研究，其中一些受体三维结构模型和新药的分子设计得到了实验的验证。1999年当选为中国科学院院士。

人物四：邢其毅（1911~2002年）

有机化学家和教育家。原籍贵阳，生于天津。1933年毕业于辅仁大学化学系。1936年获美国伊利诺大学博士学位。随后在德国H. Wieland教授实验室进行博士后研究，完成芦竹碱的结构和合成。回国后在中央研究院庄长恭教授领导下进行生物碱研究工作。抗日战争期间，在艰苦条件下完成一简便测定不饱和脂肪酸的方法和云南抗疟植物的研究。抗日战争胜利后任北京大学教授，继续研究生物碱及有机反应，提出用于工业生产氯霉素新合成法、参加领导牛胰岛素全合成工作。在国内首次进行花果香气的研究。曾任全国政协委员、中国化学会理事。1980 年当选为中国科学院院士（学部委员）。

人物五：李瑞麟（1928 年 ~2012 年）

化学合成及药物合成专家。中国工程院院士。上海市人。1950 年毕业于上海大夏大学。上海市计划生育科学研究所研究员。中国女用计划生育药物研究的创始人之一。先后参与研制抗血吸虫病药、抗疟药、抗癌药、甾体抗炎药、1 号口服避孕药、53 号探亲避孕药、抗早孕药、复方抗早孕药等，并先后获得全国科学大会奖、国家科技进步二等奖、国家“八五”攻关重大科技成果奖，并取得两个中国专利和一个美国专利。曾被评为上海市科技功臣、国家计划生育委员会科技功臣和第二届中华人口奖提名奖。1964 年研制成功的 1 号避孕药（炔诺酮）、2 号避孕药（甲地孕酮），填补了国内空白。1969 年研制成功了中国首创 53 号探亲避孕药（双炔失碳酯），1978 年两者均获全国科技大会奖。1988 年研制成功国际最新抗早孕药物米非司酮，获得中国发明专利，并获 1993 年国家科技进步二等奖。

人物六：黄量

化学家。女。上海市人。1942 年毕业于上海圣约翰大学化学系。1949 年获美国康奈尔大学博士学位。中国医学科学院药物研究所研究员。主要从事天然产物及抗肿瘤、计划生育、抗病毒等新药研究。20 世纪 50 年代对国产萝芙木进行研究，提取出有效成分利血平并研制成新中国第一个降血压药“降压灵”。研制出抗肿瘤新药 *N* – 甲酰溶肉瘤素及治疗白血病的三尖杉酯碱及其同系物。设计并指导研制新药维胺酯、抗病毒新药酞丁安等。1980 年当选为中国科学院院士（学部委员）。

任务五　个人职业生涯规划

职业生涯规划是指个人和组织相结合，在对一个人职业生涯的主客观条件进行测定、分析、总结研究的基础上，对自己的兴趣、爱好、能力、特长、经历及不足等各方面进行综合分析与权衡，结合时代特点，根据自己的职业倾向，确定其最佳的职业奋斗目标，并为实现这一目标做出行之有效的安排。以既有的成就为基础，确立人生的方向，提供奋斗的策略。突破生活的格线，塑造清新充实的自我；准确评价个人特点和强项；评估个人目标和现状的差距，准确定位职业方向；重新认识自身的价值并使其增值；发现新的职业机遇；增强职业竞争力；将个人、事业与家庭联系起来。

一、职业生涯规划前应该进行的分析

1. 自己适合从事哪些职业/工作

研究自己适合从事哪些职业/工作，是职业生涯规划的关键和基础；回答这个问题，要考虑以下各方面的因素：自己所处的职业发展阶段、自己的职业性向，（就是职业类型）、自己的技能（即我们的自身本领，比如专业、爱好、特长等）、自己的职业锚（就是职业动机）、自己的职业兴趣。

2. 自己所在公司能否提供这样的岗位以及职业通路

除了研究你适合从事哪些职业/工作之外，还要考虑你所在的公司可能给自己提供哪些岗位，从中选择那些适合你从事的岗位。如果在本公司没有适合你的岗位，或者说，你所在的公司，不可能提供适合你的工作岗位，就应该考虑换工作了。

3. 在自己适合从事的职业中，哪些是社会发展迫切需要的

做职业生涯规划时，还要把目光投向未来。研究清楚自己现在做的工作，10 年后会怎么样？自己的职业在未来社会需要中，是增加还是减少。自己在未来的社会中的竞争优势，随着年龄的增加是不断加强还是逐渐削弱？在自己适合从事的职业中，哪些是社会发展迫切需要的等。

二、职业生涯规划的步骤

1. 自我评估

自我评估包括对自己的兴趣、特长、性格的了解，对自己的学识、技能、智商、情商的测试，对自己思维方式、思维方法、道德水准的评价

等。自我评估的目的是认识、了解自己，对自己所适合的职业和职业生涯目标做出一个合理的抉择。

2. 职业生涯机会的评估

职业生涯机会的评估，主要是评估周边各种环境因素对自己职业生涯发展的影响。环境因素评估主要包括：组织环境、政治环境、社会环境、经济环境。只有充分了解自己所处环境的特点、掌握职业环境的发展变化情况、明确自己在这个环境中的地位以及环境对自己提出的要求和创造的条件等，才能做到在复杂的环境中避害趋利，使自己的职业生涯规划具有实际意义。

3. 确定职业发展目标（图 4－3）

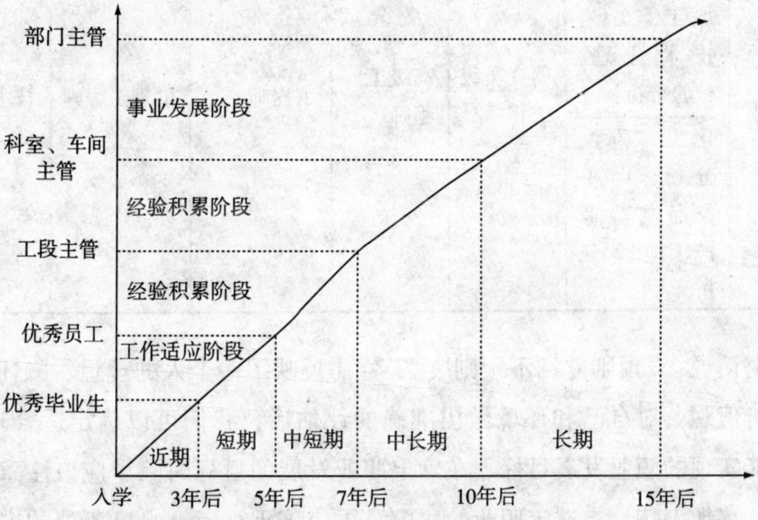

图 4－3　职业发展目标

表 4－1　和化学制药技术专业毕业生从事职业（岗位）相关的部分职称系列

各系列分类		高、中、初级专业技术资格名称				
系列专业		正高级	副高级	中级	初级（助理）	初级（员）
卫生药品系列	药学专业（药品研发、生产、经营、质监领域）	主任药（中药）师	副主任药（中药）师	主管药（中药）师或执业药（中药）师	药（中药）师	药（中药）士

续表

各系列分类		高、中、初级专业技术资格名称				
系列专业		正高级	副高级	中级	初级（助理）	初级（员）
科学研究系列	自然科学研究专业	研究员	副研究员	助理研究员	研究实习员	
	自然科学实验专业		高级实验师	实验师	助理实验师	实验员
工程系列	轻工（粮油食品、制酒、纺织、乳品加工、工艺技术管理、检验分析）	研究员级工程师	高级工程师	工程师	助理工程师	技术员
	化工（质量分析、化工产品制造生产、检验分析）					

俗话说："预则立；不预则废。"立志反映了一个人的理想、胸怀、情趣和价值观。对自己和环境做出准确的评估后，我们可以确定适合自己、有可能实现的职业发展目标。在确定职业发展的目标时除了应该注意自己性格、兴趣、特长与选定职业的比配，更应该重视考察自己所处的内外环境与职业目标是否相适应，不能好高骛远，也不能妄自菲薄。职业生涯目标确立得是否合理、可行，绝大程度上就决定了职业发展中的行为和结果，是制定职业生涯规划的关键。

4. 选择职业发展路线

在职业目标确定后，必须对发展路线做出抉择，以便及时调整自己的学习、工作以及各种行动措施沿着预定的方向前进。发展路线不同，对职业发展的要求也不同。是走技术路线，还是走管理路线；是选择走技术 + 管理即技术管理路线，还是选择先走技术路线、再走管理路线等。

SWOT 分析是一种战略分析方法，可以帮助我们对自己的内在条件、外在条件和职业目标进行分析。在 SWOT 中，S 代表 strength（优势），W 代表 weak（弱势），O 代表 opportunity（机遇），T 代表 threat（威胁）。在该方法中，个人根据自身内在的优势、弱势，结合外在的机遇和威胁，得出自己抓住机遇，避免威胁的职业路线。

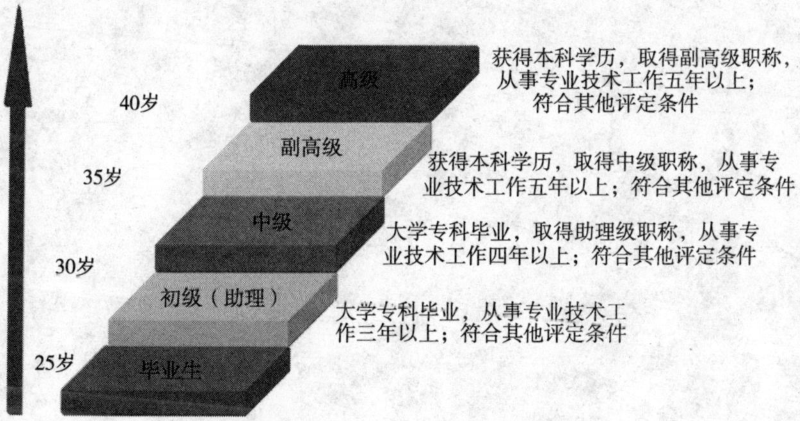

图 4－4　职业发展路线

5. 制定职业生涯行动计划与措施

在选定职业发展的路线后，关键在于行动。即落实目标的具体措施，主要包括工作、培训、教育、轮岗等方面的措施。行动计划中可将职业目标分解为短期目标、中期目标和长期目标。短期目标可分为日目标、周目标、月目标、年目标，中期目标一般为 3～5 年；长期目标为 5～10 年。分解目标便于跟踪检查，同时可根据环境变化调整短期行动计划，对具体计划目标采取有效措施。职业生涯中的措施主要是指为达成既定目标，在提高工作效率、学习知识、掌握技能、开发潜能等方面选用的方法。而行动计划则要对应相应的措施，层层分解、具体落实。细致的计划与措施便于进行定时检查和及时调整。

6. 评估与回馈

影响职业生涯规划的因素很多，变化因素有的可以预测，有的难以预测。要想使职业生涯规划行之有效，就必须不断对职业生涯规划执行情况进行评估。首先，要对年度目标的执行情况进行总结，确定已按计划完成的目标有哪些，未完成的目标又有哪些。然后，对未完成的目标进行分析，找出未完成的原因及发展障碍，并且制定出相应解决障碍的对策及方法。最后，依据评估结果对后面的计划进行修订与完善。若有必要，还可考虑对职业目标和路线进行修正。

附　职业生涯规划设计书范本

职业生涯规划设计书

姓名：________________

学校：________________

院系：________________

专业：________________

学号：________________

目　录

1. 自我认知

1.1　职业生涯规划测评

1.2　360度评估

	优点	缺点
自我评价		
家人评价		
老师评价		
亲戚朋友评价		
同学评价		
其他社会关系评价		

1.3　橱窗分析法

橱窗1：公开我（个人展现在外，无所隐藏的部分）

橱窗2：隐蔽我（个人内在的私有秘密部分）

2. 职业认知（环境认知）

2.1 外部环境分析

A. 家庭环境分析

B. 学校环境分析

C. 社会环境分析

D. 目标地域分析

2.2 目标职业分析

A. 目标职业名称

B. 岗位说明

C. 工作内容

D. 任职资格

E. 工作条件

F. 就业和发展前景

2.3 职业素质测评

2.4 SWOT 分析（我的优势及其使用）

我的弱势及其弥补：

我的机会及其利用：

我面临的威胁及排除方法：

SWOT 分析及其选作：

SWOT 综合分析表

内部因素	优势因素（S）	弱势因素（W）	解决方案
外部因素	机会因素（O）	威胁因素（T）	解决方案
结论			

2.5 职业认知小结

3. 职业生涯规划设计

3.1 确定职业生涯目标和路径

A. 近期职业目标

B. 中期职业目标

C. 长期职业目标

D. 职业发展路径（可设计路径路线图）

3.2 制定行动计划（方案）

A. 短期计划

B. 中期计划

C. 长期计划

3.3 动态分析调整

评估、调整我的职业目标、职业路径与行动计划。

3.4 备选职业规划方案

由于社会、家庭、组织等环境、个人成长曲线变化及各种不可预测因素的影响，一个人职业生涯的发展往往不是一成不变的，为了更好地主动把握人生，适应千变万化的职场世界，拟定一份备选的职业生涯规划方案十分必要。

我的备选职业生涯方案：